KB178816

과학공화국
물리법정

8
유체의 법칙

과학공화국 물리법정 8
유체의 법칙

ⓒ 정완상, 2008

초판 1쇄 발행일 | 2008년 1월 28일
초판 18쇄 발행일 | 2022년 2월 25일

지은이 | 정완상
펴낸이 | 정은영
펴낸곳 | (주)자음과모음

출판등록 | 2001년 11월 28일 제2001-000259호
주소 | 10881 경기도 파주시 회동길 325-20
전화 | 편집부 (02)324-2347, 경영지원부 (02)325-6047
팩스 | 편집부 (02)324-2348, 경영지원부 (02)2648-1311
e-mail | jamoteen@jamobook.com

ISBN 978-89-544-1462-3 (04420)

과학공화국
물리법정

8
유체의 법칙

정완상(국립 경상대학교 교수) 지음

㈜자음과모음

생활 속에서 배우는 기상천외한 과학 수업

물리와 법정, 이 두 가지는 전혀 어울리지 않는 소재들입니다. 그리고 여러분에게 제일 어렵게 느껴지는 말들이기도 하지요. 그럼에도 불구하고 이 책의 제목에는 분명 '물리법정'이라는 말이 들어 있습니다. 그렇다고 이 책의 내용이 아주 어려울 거라고 생각하지 마세요.

저는 법률과는 무관한 과학을 공부하는 사람입니다. 하지만 '법정'이라고 제목을 붙인 데에는 이유가 있습니다.

이 책은 우리의 생활 속에서 일어나는 여러 가지 재미있는 사건을 다루고 있습니다. 그리고 물리적인 원리를 이용해 사건들을 차근차근 해결해 나간답니다. 그런데 크고 작은 사건들의 옳고 그름을 판단하기 위한 무대가 필요했습니다. 바로 그 무대로 법정이 생겨나게 되었답니다.

왜 하필 법정이냐고요? 요즘에는 〈솔로몬의 선택〉을 비롯하여 생활 속에서 일어나는 사건들을 법률을 통해 재미있게 풀어 보는 텔레비전 프로그램들이 많습니다. 그리고 그 프로그램들이 재미없다고 느껴지지도 않을 겁니다. 사건에 등장하는 인물들이 우스꽝스럽고, 사건을 해결하는 과정도 흥미진진하기 때문입니다. 〈솔로몬의 선택〉이 법률 상식을 쉽고 재미있게 얘기하듯이, 이 책은 여러분의 물리 공부를 쉽고 재미있게 해 줄 것입니다.

여러분은 이 책을 읽고 나서 자신의 달라진 모습에 놀랄 겁니다. 과학에 대한 두려움이 싹 가시고, 새로운 문제에 대해 과학적인 호기심을 보이게 될 테니까요. 물론 여러분의 과학 성적도 쑥쑥 올라가겠죠.

물리학은 항상 정확한 판단을 내릴 수 있습니다. 왜냐하면 물리학의 법칙은 완벽에 가까운 진리이기 때문입니다. 저는 그 진리를 여러분에게 조금이라도 느끼게 해 주고 싶습니다. 과연 제 의도대로 되었는지는 여러분의 판단에 맡겨야겠지요.

끝으로 이 책을 내도록 용기와 격려를 아끼지 않은 (주)자음과모음의 강병철 사장님과 빡빡한 일정에도 불구하고 좋은 시리즈를 만들기 위해 함께 노력해 준 자음과모음의 모든 식구들, 그리고 진주에서 작업을 도와준 과학 창작 동아리 'SCICOM'의 식구들에게 감사를 드립니다.

진주에서
정완상

목차

피즈 변호사

물리법정의 탄생

　과학을 좋아하는 사람들이 모여 사는 과학공화국이 있었다. 과학 공화국의 국민들은 어릴 때부터 과학을 필수 과목으로 공부하고, 첨단 과학으로 신제품을 개발해 엄청난 무역 흑자를 올리고 있었다. 그리하여 과학공화국은 세상에서 가장 부유한 나라가 되었다.

　과학에는 물리학, 화학, 생물학 등이 있는데, 과학공화국 국민들은 다른 과학 과목에 비해 유독 물리학을 어려워했다. 돌멩이가 떨어지는 것이나 자동차의 충돌 사고, 놀이 기구의 작동 원리, 정전기를 느끼는 일 등과 같은 물리적인 현상은 주변에서 쉽게 관찰되지만, 그러한 현상들의 원리를 정확하게 알고 있는 사람은 드물었다.

　그 이유는 과학공화국의 대학 입시 제도와 관련이 깊었다. 대부분의 고등학생들은 대학 입시에서 상대적으로 높은 점수를 받기 쉬운 화학, 생물을 선호하고 물리를 멀리했다. 학교에서는 물리를 가르치는 선생님 수가 줄어들었고, 선생님들의 물리 지식 수준 역시 낮아졌다.

이런 상황에서도 과학공화국에서는 물리를 이해해야 해결할 수 있는 크고 작은 사건들이 끊임없이 일어났다. 그런데 사건의 상당수를 법학을 공부한 사람들로 구성된 일반 법정에서 다루다 보니 공정하고 정확하게 판결 내리기가 힘들었다. 이러한 까닭에 물리학을 잘 모르는 일반 법정의 판결에 따르지 않는 사람들이 많아져 심각한 사회 문제로 떠오르고 있었다.

그리하여 과학공화국의 박과학 대통령은 회의를 열었다.

"이 문제를 어떻게 처리하면 좋겠소?"

대통령이 힘없이 말을 꺼냈다.

"헌법에 물리적인 부분을 좀 추가하면 어떨까요?"

법무부 장관이 자신 있게 말했다.

"좀 약하지 않을까?"

대통령이 못마땅한 듯 대답했다.

"물리학과 관계된 사건에 대해서는 물리학자를 법정에 참석시키면 어떨까요? 의료 사건의 경우 의사를 참석시켰는데 성공적이었거든요."

의사 출신인 보건복지부 장관이 끼어들었다.

"의사를 참석시켜서 뭐가 성공적이었소? 의사들의 실수로 일어난 의료 사고를 다루는 재판에서 의사가 피고(소송을 당한 사람)인 의사 편을 들어 피해자가 속출했잖소."

내무부 장관이 보건복지부 장관에게 따져 물었다.

"자네가 의학을 알아? 전문 분야라 의사들만 알 수 있다고! 이거 왜 이러셔."

"가재는 게 편이라고, 의사들에게 항상 유리한 판결만 나왔잖아."

평소 사이가 좋지 않던 두 장관이 논쟁을 벌였다.

"그만두시오. 우린 지금 의료 사건 얘기를 하는 게 아니잖소. 본론인 물리 사건에 대한 해결책을 말해 보세요."

부통령이 두 사람의 논쟁을 막았다.

"먼저 물리부 장관의 의견을 들어 봅시다."

수학부 장관이 의견을 냈다.

그때까지 눈을 감고 잠자코 앉았던 물리부 장관이 말했다.

"물리학으로 판결을 내리는 새로운 법정을 만들면 어떨까요? 한마디로 물리법정을 만들자는 겁니다."

"물리법정!"

침묵을 지키고 있던 박과학 대통령이 눈을 크게 뜨고 물리부 장관을 쳐다보았다.

"물리와 관련된 사건은 물리법정에서 다루면 되는 거죠. 그리고 그 법정에서의 판결들을 신문에 실어 널리 알리면 국민들이 더 이상 다투지 않고 자기 잘못을 인정할 겁니다."

물리부 장관이 자신 있게 말했다.

"그럼 물리와 관련된 법을 국회에서 만들어야 하잖소?"

법무부 장관이 물었다.

"물리학은 정직한 학문입니다. 사과나무의 사과는 땅으로 떨어지지 하늘로 올라가지는 않습니다. 또한 양의 전기를 띤 물체와 음의 전기를 띤 물체 사이에는 서로 끌어당기는 힘이 작용하지요. 이것은 지위와 나라에 따라 달라지거나 하지도 않습니다. 이러한 물리 법칙은 이미 우리 주위에 존재하므로 새로 물리법을 만들지 않아도 됩니다."

물리부 장관이 말을 마치자 대통령은 아주 흡족해하며 환하게 웃었다. 이렇게 해서 물리공화국에는 물리 사건을 담당하는 물리법정이 만들어지게 되었다.

이제 물리법정의 판사와 변호사를 결정해야 했다. 하지만 물리학자는 재판 진행 절차에 미숙하므로 물리학자에게 재판 진행을 맡길 수는 없었다. 그리하여 과학공화국에서는 물리학자들을 대상으로 사법 고시를 실시했다. 시험 과목은 물리학과 재판 진행법, 두 과목이었다.

많은 사람들이 지원할 거라 기대했지만, 세 명의 물리 법조인을 선발하는 시험에 세 명이 지원했다. 결국 지원자 모두 합격하는 해프닝이 벌어졌다.

1등과 2등의 점수는 만족할 만한 점수였다. 하지만 3등을 한 '물치'라는 이름의 남자는 시험 점수가 형편없었다. 1등을 한 물리짱 씨가 판사를 맡고, 2등을 한 피즈 씨와 3등을 한 물치 씨가 각각 원고(법원에 소송을 한 사람) 측과 피고 측 변론(법정에서 주장하거나 진술하는 것)을 맡게 되었다.

이제 과학공화국 국민들 사이에서 벌어지는 수많은 사건들이 물리법정의 판결을 통해 원만하게 해결될 수 있었다. 그리고 국민들은 물리법정의 판결들을 통해 물리를 쉽고 정확히 이해하게 되었다.

표면장력에 관한 사건

나무 자석 쇼

물이 가진 부착력과 응집력이란 어떤 힘일까요?

유난히 조용하기로 소문난 고요 마을이 있었다. 이 마을은 과학공화국의 가장 *끄트*머리에 있는 마을이라 그런지 날씨가 좋다고 해서 일부러 놀러 오는 사람도 잘 없고 그다지 큰 행사도 없었기 때문에 언제나 조용한 마을이었다. 그러던 중에 고요 마을에 큰 볼거리가 생겼다. 바로 마술사가 공연을 하러 온다는 것이었다.

자, 어디서나 볼 수 있는 마술이 아닙니다~! 동에 번쩍 서에 번쩍 홍길동도 못 봐서 울고 갔다는 그 공연~! 나무를 순식간에 자석으로 만들 수 있는 신기하고 놀라운 마술의 세계로 빠져 봅시다! 녹아 듭니다~!

　　마을 곳곳에 마술 쇼를 홍보하는 포스터가 나붙어 있다. 고요하던 마을에서 흥미로운 마술 쇼가 열린다고 하니 온 마을 사람들은 그날만 손꼽아 기다리며 너도나도 들떠 있었다.

　　"어머, 텔레비전에서 보여 주는 그런 마술이 아니네."

　　"만날 숟가락 구부러뜨리는 그런 마술보다 이게 더 재미있겠다."

　　"그럼 이거 보러 갈래?"

　　"그래, 돈만 네가 내면……."

　　드디어 마술 쇼를 하는 날이 되자 마을 사람들 모두가 모인 듯 마술 공연장이 북새통을 이루었다. 마술 공연장을 가득 메운 사람들은 생전 처음으로 마술을 직접 눈앞에서 본다는 생각에 한껏 부풀어 있었다. 아이들 손을 잡고 온 엄마들도 기대하기는 마찬가지였다. 그중에는 하루 종일 집에서 실험을 하며 지내는 과학자인 너의심 씨가 있었다. 너의심 씨는 과학자답게 일단 모든 것을 의심해 보고 직접 자기 눈으로 확인한 것만 인정하는 사람이었다. 너의심 씨는 마술 쇼를 한다는 소리를 듣고서부터 '분명 마술에도 속임수가 있을 거야'라고 생각하고, 마술의 속임수를 알아내기 위해서 일부러 마술 쇼에 온 것이었다.

　　"자, 신사 숙녀 여러분! 많이 기다리셨습니다. 지금부터 마술 쇼를 시작하겠습니다~!"

드디어 마술 쇼가 시작되고 길게 드리워져 있던 커튼이 걷히면서 길쭉한 모자를 쓴 마술사가 나와 관객들에게 인사를 했다.

"오우! 마술사가 꽃미남이네."

"오길 잘했어!"

마술사의 잘생긴 얼굴에 대해 수군대는 소리와 함께 관객석에서는 박수 소리가 터져 나왔다. 마술사는 탁자 위에 성냥개비 두 개를 올려놓았다. 그리고 관객들에게 아무 장치도 해 놓지 않았다는 것을 보여 주기 위해서 성냥개비 두 개를 관객들에게 보여 주었다. 관객들이 어디 다른 속임수가 있지는 않을까 싶어서 마치 선생님이 숙제 검사라도 하듯이 꼼꼼히 성냥개비를 관찰했다. 하지만 특별히 이상한 부분은 없었다. 마술사는 관객들이 모두 고개를 끄덕이는 걸 확인하고 다음 순서로 넘어갔다.

"그럼 이제 제가 이것을 자석으로 만들어 보겠습니다."

마술사는 성냥개비를 내려놓는 척하면서 탁자 밑에 미리 준비해 두었던 물을 성냥개비에 살짝 묻혔다. 그것은 순식간에 일어난 일이었기 때문에 앞에서 보는 관객들은 아무도 눈치 채지 못했다. 그렇게 하고 나서 다시 탁자 위에 성냥개비 두 개를 올렸다.

"제가 지금 주문을 걸어서 자석으로 만들어 보겠습니다."

잘생긴 마술사는 성냥개비를 향해서 손으로 기를 불어넣듯이 손가락을 움직이며 주문을 걸었다.

"샤바샤바! 너는 이제 자석으로 변한다. 빰빠이야! 울랄라!"

마술사는 점점 목소리를 크게 하면서 온몸으로 기를 불어넣었다. 주문 외는 걸 끝낸 마술사는 관객들의 반응을 살폈다. 관객들 모두 기대하는 눈빛으로 성냥개비에서 눈을 떼지 못했다.

"자, 이제 이 성냥개비가 자석이 되었습니다."

성냥개비가 정말 자석이 되었는지 확인할 길이 없는 관객들은 저게 끝이냐며 여기저기서 웅성거리기 시작했다. 그때 마술사가 당연히 확인시켜 주겠다는 자신감으로 웅성거리는 관객들에게 말했다.

"이 두 개가 자석이라면 서로 찰싹 붙겠죠?"

마술사는 성냥개비가 자석이 된 것을 보여 주기 위해서 두 성냥개비를 붙이기로 했다. 그때서야 관객들도 다시 마술에 집중했다. 아무것도 하지 않은 두 성냥개비가 붙을 것인가에 대해 모든 신경을 집중했다. 마술사는 두 성냥개비 중에 아까 물을 묻힌 성냥개비를 잡고 다른 성냥개비 쪽으로 갖다 대었다. 그때 성냥개비를 갖다 대자마자 다른 성냥개비가 거짓말처럼 찰싹 달라붙는 것이 아닌가! 그리고 마술사는 천천히 한쪽 성냥개비를 들어올렸다. 그때 다른 성냥개비도 붙은 채로 서서히 따라 올라갔다. 그때부터 관객석에서 박수 소리와 환호성이 터져 나왔다.

"우와! 진짜 붙은 거야?"

"대단해! 언빌리버블~!"

관객들은 아직도 믿기지 않는다는 표정으로 박수를 쳤다. 정말 성냥개비 두 개가 붙어서 대롱대롱 매달려 있었다. 마술사는 성냥 개비가 더 잘 보이게 손을 높이 들어 보여 주었고 그것을 본 관객들 은 박수를 치지 않을 수가 없었다.

"자, 이게 저의 마술입니다!"

마술에 성공한 마술사는 기뻐하며 큰소리로 당당하게 관객들에 게 말했다. 쓰고 있던 모자를 손에 쥐고 정중하게 인사를 하고서 마 술사가 관객의 박수 소리와 환호 소리를 듣고 있을 때 저기 멀리서 또 다른 큰 목소리가 들려왔다.

"이건 마술이 아니라 사기야!"

아까부터 계속 마술을 유심히 쳐다보고 있던 과학자 너의심 씨의 소리였다. 멀리서 벌떡 일어나 마술사를 가리키면서 이 마술은 사 기라고 주장했다.

"이것은 엄연한 마술입니다."

마술사는 당황해서 너의심 씨를 향해서 소리쳤다.

"저 잘생긴 마술사가 거짓말을 할 리가 없어."

"그래도 과학자가 괜히 그런 말 하진 않을 텐데……."

관객들 사이에서도 진짜 마술인지 사기인지 따지기 시작했다.

"이건 분명히 속임수가 있는 사기라고!"

너의심 씨는 아랑곳하지 않고 마술사를 향해서 소리쳤다. 서로 엇갈리는 주장에 너의심 씨는 이것이 사기임을 증명하기 위해서 마 술사를 물리법정에 고소했다.

성냥개비 두 개가 달라붙는 이유는 응집과 부착의
성질 때문입니다. 성냥에 물을 묻히면 성냥에
스며들어간 물 분자들이 서로 달라붙기 때문이지요.

마술사는 어떻게
성냥을 자석처럼 보이게 했을까요?
물리법정에서 알아봅시다.

 재판을 시작하겠습니다. 성냥이 간단한 마
술 주문으로 자석이 되었다고 합니다. 정
말 마술을 한 건가요? 피고 측 변론을 들
어 보도록 하겠습니다.

 마술 쇼를 보러 간 사람이라면 마술 그 자체를 즐겨야 합니다.
마술사의 마술 쇼에 어떤 속임수가 들어갔는지를 밝혀내는 것
자체가 마술을 보는 사람으로서의 자세가 아니지요.

 그럼 마술사가 속임수를 쓰긴 했다는 의미인가요?

 그렇지는 않습니다. 마술사는 분명 성냥만으로 마술을 보였습
니다.

 그런데 어떻게 성냥이 자석처럼 서로 달라붙을 수 있었습니까?

 그거야 모르죠. 그러니까 마술 아니겠습니까? 마술의 원리와
이유를 따진다면 그건 마술이 아니지요.

 마술에 이유를 묻지 말라니까 더 이상의 변론을 들을 수 없겠
군요. 그렇다면 원고 측 변론을 들어 보도록 하겠습니다.

 마술사는 마술을 하는 사람이라는 뜻이지요. 하지만 실제로
마술이라는 것은 불가능한 일을 가능하도록 만드는 것이 아니

라 실제로 가능한 일을 보여 주는 것입니다. 근데 마술사는 마치 불가능한 일을 자신이 마술을 부려 가능하게 만든 것처럼 사람들의 눈을 속이고 있습니다.

 한마디로 마술사의 모든 마술은 눈속임이라는 것이군요.

 물론 실제로 신기한 쇼를 하는 경우도 있습니다. 하지만 일반적으로 이런 것은 초능력으로 분류하고 마술은 눈속임이 많습니다.

 그렇다면 성냥을 자석처럼 만든 마술사는 어떤 눈속임을 한 겁니까?.

 성냥에 어떤 외부의 영향을 주지 않고서 서로 붙게 하는 것은 불가능하다고 봅니다. 성냥에 어떤 인위적인 영향을 주었는지 밝히기 위해 힘 연구단지의 강력한 소장님을 증인으로 요청합니다.

 증인 요청을 받아들이겠습니다.

190cm의 키에 거대한 몸집을 가진 50대 중반의 남성이 손바닥 절반 크기의 성냥갑을 한 손에 움켜쥐고 긴 다리로 성큼성큼 걸어와서 증인석에 앉았다.

 마술사가 성냥을 자석으로 만드는 마술을 할 때 성냥개비에 외부적 작용을 가한 것이 맞습니까?

성냥개비에 아무것도 작용하지 않았다면 아마 두 성냥개비가 끌려와서 붙지는 않았을 겁니다.

 그렇다면 혹시 성냥개비 끝에 자석 가루라도 묻힌 것이 아닐까요?

 그것은 아닙니다.

 그럼 어떻게 성냥이 자석처럼 붙을 수 있었습니까?

 마술사가 성냥을 들어 올렸다가 내려놓을 때 물을 살짝 묻혔을 겁니다. 물을 묻히는 일에 오랜 시간이나 특별한 행동이 필요한 일이 아니라 성냥에 물을 재빠르게 묻히는 마술사의 행동을 알아차릴 수 없었을 겁니다.

 성냥에 물을 묻히면 성냥개비가 서로 붙을 수 있다고요? 그것이 어떻게 가능합니까?

 그것은 성냥에 묻은 물이 성냥을 서로 붙게 만들었기 때문입니다. 성냥에 스며든 물 분자들이 서로 달라붙기 때문이지요. 이렇게 같은 분자 사이에서 잡아당기는 성질을 '응집'이라고 합니다. 또 물 분자와 성냥개비 사이에도 힘이 작용하는데 이렇게 다른 물질 사이에서 서로 달라붙으려는 성질을 '부착'이라고 합니다.

 성냥개비 두 개가 달라붙는 이유는 응집과 부착의 성질 때문이군요.

 그렇습니다. 성냥개비에 물을 묻히면 물과 다른 성냥개비 사

이의 부착력이 성냥개비의 무게를 지탱할 만큼 커지기 때문에 들어 올릴 수 있는 거지요.

 물 분자의 응집과 부착의 성질을 어떻게 확인할 수 있습니까?

 액체의 표면에 있는 분자들은 중심에 있는 분자들과는 달리 안쪽으로만 힘이 작용하기 때문에 가능한 한 표면적이 작은 공 모양이 됩니다. 그리고 가느다란 유리관에 물을 부으면 생각보다 물이 많이 올라가는 것을 확인할 수 있습니다. 그런데 유리관의 끝을 보면 공 모양처럼 위로 볼록해야 될 것 같지만 항상 아래로 오목한 것을 확인할 수 있습니다. 이것은 물 분자 사이의 응집력 외에 물과 유리관 벽 사이에 서로 잡아당기는 부착력이 작용하기 때문입니다. 이 부착력과 응집력의 작용으로 물은 끌려 올라가게 되는 겁니다.

 응집력과 부착력이 물을 끌어올린다고요? 어렵군요. 조금만 더 쉽게 설명해 주시겠습니까?

 유리관의 유리 분자와 유리 분자 가까이에 있는 물 분자 사이에 서로 잡아당기는 힘이 작용하고 또 그 물 분자와 옆에 있는 물 분자 사이에도 서로 잡아당기는 힘이 작용해서 물이 올라가게 되는 겁니다. 물 분자는 부착력과 응집력이 아래로 잡아당기는 중력과 평형을 이룰 때까지 올라가게 됩니다.

 그렇다면 물 이외의 다른 액체도 이 같은 현상이 일어나겠군요.

 그렇지는 않습니다. 물 대신 유리관에 수은을 담가 두면 액체의 모양은 달라집니다. 왜냐하면 유리관과 수은은 서로 잡아당기는 힘이 없기 때문이지요. 그러니 수은 입자들 사이의 응집력만 작용해서 볼록하게 되는 겁니다.

 부착력과 응집력이 아주 큰 역할을 하는군요. 응집력과 부착력은 우리 주위에서 어떻게 활용되고 있습니까?

 부착력과 응집력이 없다면 예쁜 물감으로 그림도 그릴 수 없고 여러 가지 색깔의 염료로 천을 물들일 수도 없으며 테이프나 접착제도 만들 수 없을 겁니다.

 물의 부착력과 응집력이 있기에 가능한 일들이 많군요. 마술사도 물이 없었다면 성냥이 자석처럼 달라붙는 마술을 보일 수 없었을 겁니다. 마술사는 성냥에 아무런 외부 작용을 가하지 않은 것처럼 했지만 실제로는 물을 묻혀서 물의 응집력과 부착력을 이용하여 성냥개비가 자석이 된 것처럼 속였던 것입니다.

 마술사의 마술은 사람들을 속였다고 단정하기에는 조금 무리가 있습니다. 물의 성질을 이용하여 과학적인 요소를 가미한 마술이라고 볼 수 있군요. 마술사의 마술에서 성냥이 서로 붙은 것은 성냥개비에 묻힌 물의 부착력과 응집력의 영향 때문인 것으로 밝혀졌습니다. 하지만 이것은 사람들을 즐겁게 만드는 마술의 한 부분으로서 사람들을 현혹시켜 금전적, 정신적으로 황폐하게 만드는 일은 아니라고 판단되므로 마술사로 하여금 마술을 그만두게 할 만한 잘못이라고 볼 수는 없습니

다. 따라서 마술사의 마술은 물의 성질을 이용한 것이라고 밝히며 마술사가 성냥개비 마술을 하는 것은 인정하도록 하겠습니다. 이상으로 재판을 마치도록 하겠습니다.

재판이 끝난 후 너의심 씨는 마술사에게 사과를 했다. 비록 이번 사건으로 인해 좋지 않은 첫 만남을 하게 된 두 사람이지만 서로 과학적인 부분과 마술에 매력을 느끼게 되어 서로 친한 사이가 되었다.

 표면장력

물 분자들끼리는 서로를 잡아당기는 힘이 있어 마치 물이 막으로 덮여 있는 것처럼 보이게 하는데 이때 물 분자들 사이에 서로를 당기는 힘을 표면장력이라고 한다.

물의 용량 정확하게 재기

메스실린더의 눈금을 정확하게 읽으려면 어떻게 해야 될까요?

과학공화국에서는 신비의 물을 숭배하는 성수 숭배
교가 있었다.

"이 물만 먹어 봐~! 앓아누운 사람이 벌떡 일어
나 브레이크 댄스를 추고 걷지 못했던 사람이 42km 마라톤도 1등
할 수 있어~! 이 물만 먹어 봐~!"

이 종교는 번지르르한 말로 신비의 물을 마시기만 하면 아픈 곳을
씻은 듯이 낫게 해 준다고 사람들을 꼬드기는, 일명 사이비 종교였
다. 황당무계하고 터무니없는 말이지만, 아프지도 않은 사람을 데리
고 와서 아픈 시늉을 시키다가 물 한 모금에 병이 깨끗이 낫는 거짓

공연을 펼치면 신도들은 그것을 사실인 양 믿어 버리는 것이다. 그리고 신도를 꼬드기는 교주의 말솜씨 또한 예사롭지 않아서 신도들은 열렬히 믿을 수밖에 없었다. 교주가 다음과 같이 말하면 신도들은 더 열광적으로 교주를 따르기 마련이었다.

"이 신성한 물 한 모금이 아파하던 당신의 병든 몸을 신성하게 만들어 주리라. 그 신성함에 당신은 다시 이 물을 찾게 되리라!"

그래서 가족이나 자신의 몸이 아프기라도 하면 병원에 가는 대신 그 신성한 물을 마시기 위해 이 사이비 종교를 찾는 것이다. 그러나 사실 물의 효과를 확인한 신도들은 한 명도 없었다. 그러나 오늘도 여러 신도들이 물을 사기 위해서 모였다.

"믿습니까?"

"믿습니다!"

"여러분에게 기적을 내릴 것을 믿습니까?"

"믿습니다!"

이 단체의 기도는 교주가 먼저 믿느냐고 물으면 신도들이 믿는다고 대답하는 것이 전부였다. 그런 기도가 끝나고 나면 신성한 물을 나눠 주는 시간이다. 물은 절대로 그냥 공짜로 나눠 주지 않았다. 꼭 $1ml$(밀리리터)당 10달란을 받고 파는 것이었다. 그냥 물보다는 훨씬 비싼 값이었지만 이 물을 마시면 병이 나을 거라는 강한 믿음 때문에 신도들은 아낌없이 물을 사 갔다.

"아무리 생각해도 이건 좀 비싼 것 같아."

"그래도 이거 먹고 우리 딸 다리가 나을 수만 있다면야 매일 사 가도 아깝지 않아."

사람들 모두 희망을 품고 왔던 터라 정수기처럼 꼭지를 틀면 나오는 물을 받으려고 늘어선 줄이 꽤 길었다. 돈을 받고 물을 주는 것은 매우 엄격하게 되어 있었다.

"조금만 더 주시면 안 될까요?"

"안 돼! 돈을 더 내든지!"

부탁하는 신도에게 교주는 조금의 인심도 보여 주지 않았다. 길게 줄을 선 사람들 중에 평소 자린고비라고 소문난 깎아줘 씨가 중얼거리면서 기다리고 있었다.

"이것 먹고 얼른 시원하게 화장실이나 갔음 소원이 없겠네."

깎아줘 씨는 예전부터 앓고 있는 변비 때문에 고생이 이만저만이 아니었다. 평소 절대 남에게 밥 사는 일 한 번 없고 비싼 고기반찬은 절대 자기 돈으로 사 먹어 본 적이 없는 짠돌이었다. 아무리 이 돈 저 돈 아껴 가며 자린고비란 소리를 듣는 깎아줘 씨이지만 온갖 노력을 다 해도 낫지 않는 변비를 낫게 하기 위해서 신성한 물을 사는 데 큰돈을 쓰기로 마음먹은 것이다. 그렇게 줄이 길게 늘어섰고 저녁이 다 되어서야 깎아줘 씨의 차례가 왔다.

"오, 그대여! 얼마만큼의 물이 필요한가?"

물을 지키고 있는 교주가 깎아줘 씨에게 물었다.

"200ml 정도만 주세요."

200㎖는 한 컵 정도의 양이었다. 소문난 짠돌이기에 많은 양의 물을 살 수 있는 큰 간을 가지지는 못했다.

'흥, 남들은 1,000㎖도 넘게 사 가는데 고작 200㎖ 사겠다고!'

교주는 괜히 헛기침을 하면서 물을 '졸졸졸' 따랐다. 깎아줘 씨는 눈금이 표시되어 있는 컵에 혹여나 한 방울이라도 다른 곳으로 흐를까 봐 조마조마해하며 지켜보고 있었다. 얼마나 집중을 해서 봤는지 물을 따라 깎아줘 씨의 눈도 따라 내려갔다. 그렇게 해서 교주는 더도 말고 덜도 말고 딱 200㎖까지 물을 담았다. 하지만 깎아줘 씨의 기준에서는 그것이 200㎖가 아닌 것 같았다.

"이건 199㎖잖아요."

깎아줘 씨는 한 방울의 물이라도 덜 받으면 안 된다는 심정으로 말했다.

"이것 봐. 200㎖ 정확해."

다시 한 번 눈금을 확인한 교주가 당연하다는 듯이 200㎖를 손으로 가리켰다. 하지만 문제는 컵 안에 담긴 물이 가장자리는 올라와 있고 가운데는 움푹 들어간 모양인데, 두 사람이 눈금을 보는 곳이 달랐던 것이다.

"여기 중간에 오목한 곳에서는 아직 199㎖라고요."

깎아줘 씨는 물컵의 가운데를 가리키면서 가장자리보다 움푹 들어간 부분을 기준으로 재어야 한다고 말한 것이다. 하지만 교주는 가운데보다 살짝 올라간 가장자리에 맞춰서 200㎖를 준 것이었다.

단지 1㎖의 차이였지만 과학공화국에서 둘째가라면 서러울 만큼 대표 짠돌이인 깎아줘 씨에게 이건 매우 큰 차이였다. 결코 199㎖를 받고서 10달란을 더 주기는 아까웠던 것이다.

"10달란이면 과자가 몇 개인데! 그걸 떼먹으려고 그래!"

깎아줘 씨는 큰맘 먹고 큰돈을 쓰러 온 건데 자신이 손해를 볼까 봐 화가 나 있었다. 하지만 교주도 쉽사리 더 주려는 생각은 없어 보였다. 그래서 결국 깎아줘 씨는 물의 용량을 정확하게 재려면 제일 낮은 곳을 기준으로 해야 하는지 제일 높은 곳을 기준으로 해야 하는지에 대해 제대로 알기 위해 교주를 물리법정에 고소했다.

물의 가운데 부분은 오목하면서도 편평하므로
메스실린더의 눈금을 읽을 때는 메스실린더에 물이 올라온
높이와 수평이 되도록 눈을 두고 눈금을 읽어야 합니다.

여기는 물리법정

물컵의 눈금을 어떻게 읽는 것이 옳을까요?
물리법정에서 알아봅시다.

 재판을 시작하겠습니다. 물을 파는 교주와 변비를 고치기 위해 물을 사려는 깎아줘 씨 사이에 물의 양 때문에 의견 분열이 일어났군요. 누구의 말이 옳습니까? 피고 측 변론을 들어 보겠습니다.

 물의 양은 물컵에 올라온 물의 양을 읽는 겁니다. 물이 어디까지 올라왔는지를 읽으면 되는데 원고는 자꾸만 물이 올라온 높이까지가 아니라 물이 오목하게 내려간 곳의 눈금을 읽습니다. 당연히 원고가 잘못된 것이라 주장하는 바입니다.

 눈금을 읽는 기준이 다른 거군요. 보아 하니 원고는 물을 조금 더 받기 위해서 아래쪽을 읽었고 피고는 물의 도달한 위쪽의 눈금을 읽어 물을 더 줄 수 없다는 거군요. 어느 쪽이 물의 눈금을 옳게 읽은 건지 알아야 하는데 원고 측에서는 피고 측의 주장에 대한 적당한 반론을 해 주십시오.

 비커나 메스실린더는 일반적으로 유리로 되어 있습니다. 물의 성질을 보면 비커나 메스실린더에 담은 물의 가장자리는 약간 올라와 있고 중심 부분은 오목하게 들어간 듯합니다. 이것은

물과 유리관 벽 사이에 서로 잡아당기는 부착력과 물 분자들 사이의 응집력이 있기 때문입니다.

 비커나 메스실린더의 눈금을 올바르게 읽는 방법이 있습니까?

 물론 있습니다. 물의 가장자리가 유리 표면을 따라 올라오는 것은 물의 성질 때문이며 물의 가운데 부분은 오목하면서도 편평하므로 메스실린더의 눈금을 읽을 때는 메스실린더에 물이 올라온 높이와 눈이 수평이 되도록 해야 합니다.

 그렇다면 교주가 가장자리의 물이 올라온 높이를 읽은 것은 잘못된 거군요.

 그렇습니다. 교주가 물을 조금이라도 적게 주기 위해 물과 유리 사이의 부착력으로 인해 가장자리에 올라온 높이까지를 물의 높이라고 읽은 겁니다. 교주는 물을 $1ml$에 10달란이라는 거금을 받기 때문에 $1ml$조차도 쉽게 생각할 수 없는 것이 분명합니다.

 눈금을 읽는 방법을 제대로 알았으니 $199ml$만큼의 요금을 받든지 아니면 깎아줘 씨의 물컵에 $1ml$의 양을 더 채워 주면 되겠군요.

친애하는 재판장님, 교주의 물을 얼마나 더 주고 덜 주고를 떠나서 정말 교주의 물이 효과가 있는지가 더 우선시되어야 할 것입니다. 원고 측에서는 실제로 교주가 판매하고 있는 물을 구입해서 성분 분석과 여러 가지 효과를 실험했습니다.

어떤 결과를 얻었습니까?

 교주가 판매하고 있는 물은 시중에 제공되고 있는 물의 성분이나 원소들에 비해 특별한 차이가 없었습니다. 또한 물의 효능을 인정할 만한 결과도 얻지 못했습니다.

 그렇다면 교주의 물을 먹은 사람들 중에서 효과를 보았다거나 병이 치료된 사람이 있습니까?

 조사를 해 본 결과 그런 사람도 나타나지 않았습니다. 교주의 물이 다른 물에 비해 더 좋다는 결과는 얻을 수 없었습니다. 물론 교주의 물이 사람에게 해로운 점도 발견하지 못했지만 교주가 판매하고 있는 물은 병이 치료된다는 효력을 내세워 굉장히 비싸게 판매되고 있는 것은 분명합니다. 물의 효력도 인정받지 못한 상황에서 비싸게 판매되는 것을 허락해서는 안 될 것입니다. 교주가 물을 판매하는 것을 금지시켜 주십시오.

 교주가 팔고 있는 물에 대한 여러 가지 조사와 실험 결과를 들어 보니 인정할 만한 좋은 효과는 보이지 않았다고 판단됩니다. 물의 효과를 인정할 수 없는 상황에서 시중의 물보다 몇 배로 비싸게 판매되고 있는 것을 가만히 둘 수는 없습니다. 따라서 교주는 물을 판매하는 행위를 당장 그만두십시오. 그리고 메스실린더의 눈금은 물의 높이와 동일한 위치에서 눈금을 읽는 것이 눈금을 읽는 올바른 방법입니다. 이상으로 재판을 마치도록 하겠습니다.

재판이 끝난 후 교주가 파는 물이 사기라는 것을 알게 된 마을 사람들은 분노했다. 마을 사람들은 회의를 통해 교주를 마을 밖으로 추방시키자고 결론을 내렸고, 추방 명령을 받은 교주는 한 번만 용서해 달라며 빌고 빌어 겨우 추방은 면했다. 그러나 사건 이후 그 벌로 교주는 마을 우물에서 우물지기를 맡게 되었다.

 모양이 일정하지 않은 고체의 부피 측정

모양이 직육면체 모양이거나 원통 모양이면 수학 공식을 이용하여 부피를 구할 수 있다. 하지만 돌멩이처럼 모양이 일정하지 않은 고체의 부피를 구하려면 어떻게 해야 할까? 메스실린더에 물체가 잠기고도 남을 만큼의 물을 담은 후 눈금을 읽는다. 그리고 돌멩이를 넣어 눈금을 다시 읽는다. 두 눈금의 차이가 바로 구하는 물체의 부피이다.

와인의 눈물

와인 잔에 링이 생겼다가 눈물처럼 흘러내리는 이유는 무엇일까요?

와인으로 유명해 이름까지 와인 마을인 곳이 있었다. 이곳은 옛날부터 와인 가게들이 있었는데 처음 와인 가게를 차린 주인이 그 아들에게, 그 아들은 또 자기 아들에게 가게를 대대로 물려주면서 전통을 자랑하는 와인 가게가 되었다. 그런 가게들이 마을 입구부터 끝까지 있어서 마을에 들어서기만 해도 와인 향기가 코를 찌를 정도였다. 역사가 오래된 유명한 와인 가게가 많아서 관광객들 또한 많았다.

"요기가 정말 와인 마을 맞수므니까?"

"블랑슈~! 여기 와서 와인 냄새 좀 맡아 보슈~!"

일본에서 온 관광객들도 있었고 멀리 프랑스에서 온 관광객들도 있을 만큼 해외 사람들에게도 인기 있는 와인 마을이었다. 그러던 어느 날 낯선 사람이 와인 마을 안으로 들어왔다. 다른 사람들은 그 사람을 모두 관광객이라고 생각했지만 이 가게 저 가게 너무 자세히 살피는 모습이 영 의심스러웠다.

"저기 봐봐, 저 사람 좀 이상하지 않아?"

"어제도 오고 오늘도 온 게 수상하기는 해."

마을 사람들은 벌써부터 그 사람을 경계하기 시작했다. 매일 와서 마을 가게를 훑어보는 것이 이상할 만도 했다. 그러던 어느 날 와인 마을에서 제일 자리가 좋다고 소문난 분수대 앞에 새로운 와인 가게가 들어섰다. 관광객들이 분수대를 구경하면서 앞에 있는 와인 가게에 한 번씩 들어오기 때문에 손님이 많은 자리라고 소문이 난 곳이었다. 그래서 다른 와인 가게 사람들이 탐내고 있었던 자리였는데 그러던 중 새로운 가게가 들어서게 된 것이다.

"이제야 들어왔으니 전통이 없어서 인기가 없을 게 분명해."

"그건 누구도 모르죠. 별들에게 물어봐~!"

좋은 자리에 들어선 가게에 대해서 다른 가게 사람들이 샘을 내기 시작했다. 그도 그럴 것이 전통 있는 와인 마을에 새롭게 가게를 냈다는 것은 그만큼 다른 가게를 누를 무기가 있다는 것이었다. 마을 사람들은 새 가게 주인이 도대체 어떤 아이템을 무기로 가게를 열었는지 모두들 궁금해 했다. 그것이 인기가 있느냐 없느냐에 따라 이 새로운 와인 가게가 흥하느냐 망하느냐가 걸려 있기 때문이었다. 그 때 새로운 가게에서 한 남자가 나왔다. 아니! 그 남자는 요즘 계속 와인 마을을 돌아다니던 수상한 사람이었다.

"저 사람! 그동안 다른 가게가 어떤지 미리 보러 온 것이었어."

마을 사람들은 배신감에 사로잡혀 계속 그 가게를 주시하고 있었다. 그 사람은 가게에서 나오더니 간판을 달았다. 자리 잡은 간판에는 다음과 같이 적혀 있었다.

와인이 눈물을 흘린다

이것이 그 가게의 이름이었다. 간판이 걸리자마자 구경하던 관광객들이 독특한 그 가게의 이름에 관심을 보이기 시작했다.

"어머, 와인이 눈물을 흘린대!"

"신기하다! 우리 보러 갈까?"

관광객들은 호기심 반 기대 반으로 새로운 와인 가게에 관심을 보였고 그때를 틈타 새로운 가게 주인인 와인좋아 씨는 행사장 풍선을 동원해서 대대적인 와인 가게 홍보를 시작했다.

"여러분! 와인이 눈물을 흘리는 모습을 본 적이 있습니까?"

"아니요."

이미 가게 앞에는 많은 관광객들이 몰려 있었다. 관광객들이 모두 새로 생긴 와인 가게로 가 버려서 다른 와인 가게에는 파리 한 마리도 없을 만큼 손님이 없었다. 많던 손님이 한 번에 없어지자 다른 와인 가게 주인들은 화가 나서 계속 새로운 와인 가게를 째려보고 있었다.

"저희 와인 가게에서는 와인이 흘리는 눈물을 보여 드립니다!"

"우와~!"

새로운 와인 가게 주인인 와인좋아 씨는 큰소리로 앞에 있는 관광객들에게 말했다. 와인이 흘리는 눈물을 보기 위해서 관광객들은 그 와인 가게에 와글와글 모여들었다. 그때 그 모습을 구경하던 다른 와인 가게 주인인 나원조 씨가 옆에 있는 와인가게 주인인 나도원조 씨에게 불평을 늘어놓았다.

"도대체 와인이 어떻게 눈물을 흘린다는 거야?"

"그러게 말이에요. 와인에 눈이 붙어 있는 것도 아니고……."

"자네도 그렇게 생각하지? 이거 사기 아니야?"

아무리 생각해도 와인이 눈물을 흘린다는 것은 말도 안 된다고 생각한 나원조 씨는 '와인이 눈물을 흘린다' 가게로 찾아갔다. 아직 많은 사람들이 몰려 있어서 가게 안에 있는 와인좋아 씨를 찾아가기가 여간 힘든 게 아니었다. 많은 사람들을 뚫고 드디어 와인좋아 씨를 만나게 되었다.

"무슨 일이시죠?"

"나, 여기 옆에 있는 와인 가게 주인인데 와인이 사람도 아닌데 눈물을 흘린다는 게 말이나 됩니까?"

나원조 씨가 큰소리로 따지자 관광객들이 두 사람의 싸움을 구경하기 위해서 더 몰려들었다.

"아, 밀지 좀 마쇼! 따지는 거 안 보여요?"

나원조 씨는 밀려드는 사람들 때문에 제대로 서 있지도 못했다. 그래도 할 말은 다 해야 직성이 풀리는 성격의 소유자인 나원조 씨는 끝까지 와인좋아 씨에게 따졌다.

"저희 가게에서는 정말 와인이 흘리는 눈물을 볼 수 있습니다."

"여기 와인이 눈물을 흘리면 우리 가게 와인은 콧물도 흘리겠수다! 이건 사기요!"

점점 커져 가는 목소리에 많은 사람들이 조용해졌다. 끝까지 와인이 흘리는 눈물을 볼 수 있다는 와인좋아 씨와 그건 사기라는 나원조 씨가 계속 대립하자 구경을 하던 한 사람이 말했다.

"그럼 이거 물리법정에 맡겨 봐요."

그 소리를 들은 나원조 씨는 옳다 싶어서 와인좋아 씨를 물리법정에 고소하게 되었다.

잔의 벽에 묻은 술은 알코올이 먼저 증발하므로 잔에
담긴 술보다 표면장력이 커지고 이것이 술을 위로
잡아당기는 힘으로 작용하여 링을 만들게 됩니다.

와인이 눈물을 흘릴 수 있을까요?
물리법정에서 알아봅시다.

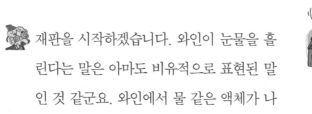

재판을 시작하겠습니다. 와인이 눈물을 흘린다는 말은 아마도 비유적으로 표현된 말인 것 같군요. 와인에서 물 같은 액체가 나온다는 의미인 것 같은데 가능한 일인지 변론을 들어 보도록 하겠습니다. 이 사건에 대해 반론을 제기한 원고 측의 변론을 들어 보겠습니다.

와인은 술입니다. 그런데 와인이 눈물을 흘린다는 둥, 물이 뚝뚝 떨어진다는 둥 이런 말로 피고 측은 사람들의 환심을 사기 위해 거짓을 말하고 있습니다. 와인 마을은 와인에 관한 한 전통과 역사를 자랑하는 마을입니다. 지금은 사람들이 속고 있지만 시간이 흘러 피고가 거짓말을 한 것이 사람들에게 알려지게 되면 우리 와인 마을의 이미지는 뭐가 되겠습니까? 피고 측은 와인이 눈물을 흘린다는 따위의 말을 더 이상 하지 않도록 해 주십시오.

피고가 거짓을 말한다는 것을 확인한 증거라도 있습니까?

음…… 증거를 제시할 수는 없지만 술에서 눈물이 흐른다니요! 술이 무슨 사람이나 동물도 아니고 어떻게 눈물을 흘리겠

습니까? 판사님은 로봇을 제외하고 물건이 말을 하거나 걸어
다니는 것을 봤습니까?

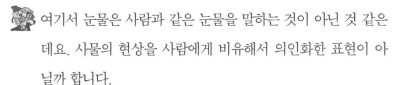
여기서 눈물은 사람과 같은 눈물을 말하는 것이 아닌 것 같은
데요. 사물의 현상을 사람에게 비유해서 의인화한 표현이 아
닐까 합니다.

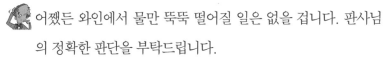
어쨌든 와인에서 물만 뚝뚝 떨어질 일은 없을 겁니다. 판사님
의 정확한 판단을 부탁드립니다.

원고 측은 와인에서 물이 떨어질 수 없다고 합니다. 원고 측의
인정을 얻어 내고 모든 사람들의 궁금증을 풀기 위해서는 와
인이 눈물을 흘린다는 표현을 한 피고 측이 어떤 의미에서 이
런 표현을 쓰게 되었으며 정말 와인에서 물이 떨어지는지를
증명해야 할 것입니다.

판사님의 말씀처럼 와인에서 눈물이 흐른다는 말은 의인화한
표현으로 와인에서 물이 흐른다는 의미입니다.

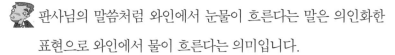
정말 와인에서 물이 따로 흐를 수 있다는 의미이군요. 와인은
알코올인데 어떻게 와인에서 물이 흘러내릴 수 있습니까?

와인에서 물만이 나올 수 있는 원리에 대해 설명해 주실 증
인을 요청합니다. 증인은 와인사랑연합회의 알딸딸 회장님
입니다.

증인 요청을 받아들이겠습니다.

한 손에는 뚜껑이 열린 와인 병을 들고 다른 손에
는 와인 잔을 든 50대 초반의 남성이 와인을 한 모금
한 즐거운 표정으로 증인석에 들어섰다.

 증인은 술을 마시고 증인석에 올라오면 안 됩니다.

 판사님! 죄송합니다. 제가 지금 와인 맛 시음 행사장에서 막
　　오는 길이라 와인을 한 모금 한 상태입니다. 하지만 저는 와인
　　에 대한 알코올 분해 효소가 아주 많다는 병원 진단을 받았으
　　며 와인 시음은 세 시간 전에 끝났으므로 증인으로서 참석할
　　수 있도록 부탁드립니다.

 와인을 어느 정도 마셨습니까?

 아, 네……. 저는 와인 시음장에서 이번에 새로 출시된 와인이
　　있다기에 한 모금을 마신 게 답니다.

 증인으로 인정하도록 하겠습니다. 변론하십시오.

 증인은 와인계의 대가라고 들었습니다. 당연히 와인에 대해
　　모르는 것이 없겠군요.

 물론입니다. 와인에 대해서 둘째가라면 서럽다고 할 수 있지
　　요. 하하하! 와인을 비롯한 기본적인 알코올에 대해서라면 뭐
　　든 물어보시오.

 와인이 눈물을 흘린다는 말은 어떤 의미인가요?

 와인에 대해 조금이라도 아는 사람이라면 누구나 알고 있는

내용입니다. 와인이나 다른 술을 와인 잔에 따르고 잔의 벽에 액체가 골고루 묻도록 돌려서 흔들어 준 후 잠시 탁자 위에 두면 잔의 벽에 붙은 액체가 흘러내리면서 술 표면에서 2분의 1인치 정도 높이에서 액체가 링 모양을 이루는 것을 볼 수 있습니다. 이 링이 점점 두꺼워지다가 잔 벽면의 액체가 흘러내리기 시작하는데 이것을 '렉' 혹은 '눈물' 이라고 부르지요.

 와인 잔에 링이 생기는 이유는 무엇입니까?

 영국의 유명한 물리학자인 윌리엄 토머슨의 형제인 제임스 토머슨이라는 사람이 이것에 대해서 설명했었죠. 그의 설명에 따르면 와인 잔에 링이 생기는 현상은 왁스한 차에 물방울이 맺히는 현상을 일으키는 액체의 표면장력과 관계가 있다고 했습니다.

 표면장력이라면 액체의 분자들이 서로 잡아당기는 힘에 의해 생기는 것 아닌가요?

 그렇습니다. 토머슨은 물과 알코올의 두 가지 차이점에 대해서 설명했는데 알코올은 물보다 빨리 증발하여 표면장력이 작습니다. 즉 물보다 분자들 간에 잡아당기는 힘이 약하다는 것이지요. 토머슨은 와인 잔의 렉은 벽면의 술에서 알코올이 빨리 증발하기 때문에 생기는 것이라고 했습니다. 잔의 벽에 묻은 술은 알코올이 먼저 증발하므로 잔에 담긴 술보다 표면장력이 커지고 이것이 술을 위로 잡아당기는 힘으로 작용하여 링을 만든다는 것이지요. 그 링이 무거워지면 액체가 흘러내려 렉이 생기는 것입니다.

 그럴듯한 설명이군요. 그런데 어떻게 그 이론을 증명할 수 있습니까?

 1855년에 토머슨은 와인을 시험관에 넣고 입구를 코르크로 밀봉하여 알코올이 증발하지 못하게 한 후 지켜본 결과 렉이 생기지 않았습니다. 코르크를 빼고 공기가 들어갈 수 있게 하자 다시 렉이 생겼습니다. 코르크로 밀봉한 와인 병에는 렉이 생기지 않는다는 것으로서 토머슨의 주장을 입증할 수 있었습니다.

 와인 잔의 벽에 묻은 알코올에서 알코올은 물보다 먼저 증발하고, 남은 물이 표면장력에 의해 링처럼 벽에 붙어 있다가 물이 많이 모이면 흘러내리는 현상이 생기는 거군요. 이것으로 와인이 눈물을 흘린다는 것이 어떤 의미이며 정말 물이 떨어진다는 것을 입증했습니다.

 원고는 피고의 와인 가게가 잘되는 것이 배가 아팠을 수도 있겠지만 원고도 획기적인 아이디어로 좋은 상품을 만든다면 충분히 대박 와인 가게가 될 수 있을 겁니다. 한 마을에서 함께 와인 가게를 하는 영업장으로서 서로에 대해 존중하면서 번창할 수 있길 바랍니다. 이상으로 재판을 마치도록 하겠습니다.

　재판이 끝난 후 무조건 사기라고 배척하려 했던 마을 사람들은 와인좋아 씨에게 사과를 했다. 그 후 와인에 대해 많은 것을 알고 있는 와인좋아 씨는 마을의 와인 가게 주인들에게 매일 조금씩 와인에 대한 정보를 가르쳐 주었고, 마을 사람들은 그를 와인 박사라 부르게 되었다.

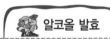

알코올 발효

당을 분해하여 알코올과 탄산가스로 만드는 효소의 반응을 알코올 발효라고 하는데 하등 생물이 에너지를 만드는 방법이며 사람들은 이 방법을 이용하여 술을 만들었다.

저절로 움직이는 배

물 위에 기름을 떨어뜨리면
물 분자 사이의 인력이 약해진다는 게 사실일까요?

과학공화국에는 과학을 좋아하는 사람들이 많이 살고 있었다. 그래서인지 과학에 관심 있는 사람들끼리 모여서 만든 동호회가 많이 있었는데 그중 발발이 동호회가 사람들 사이에서 인기가 가장 많았다. 발발이 동호회는 '발명과 발견을 하며 사는 생활을 이상적으로 생각하는 동호회'의 줄임말이었다. 정작 줄인 이름은 이상해도 항상 발명과 발견을 하자는 좋은 뜻을 가진 이름이었다. 발발이 동호회의 활동은 생활에 필요한 물건을 발명하거나 생활 속 원리를 발견하면 서로 공유하는 것이었다. 우레카 씨는 많은 회원 중에서 가장 활발하게 동호회 활동을 하는 회원이었다. 그래서 회원들이 발견한 발명이나 원리를 서로 공유하는 동호회 정기 모임에서 제일 먼저 입을 연 사람도 우레카 씨였다.

"제가 정말 위대한 원리를 발견했습니다."

사람들을 조용히 시키고 우레카 씨가 입을 열었다. 하지만 회원들은 평소 허풍이 센 우레카 씨의 말을 시큰둥하게 듣고 있었다.

"또 다 아는 원리를 얘기하는 거 아니야?"

"뭐, 저번처럼 뒤늦게 사과 잡으면서 중력 얘기했던 것처럼? 오호호!"

모두 듣는 척 마는 척했지만 우레카 씨는 이번엔 정말 대단한 원리를 발견했다며 다시 한 번 사람들에게 주목해 줄 것을 당부했다.

"여러분, 거북선 발견의 원리는 다 아시죠?"

우레카 씨는 사람들의 시선을 끌기 위해서 누구나 다 아는 내용부터 말을 꺼냈다. 그리고 회원 중 한 사람이 우레카 씨의 말에 대답했다.

"아, 그거 쇠가 물에 뜬다는 원리 말입니까?"

"네, 그 일화에 대해서도 아십니까?"

"밥을 먹으려고 밥뚜껑을 열다가 놓쳐서 국그릇에 빠뜨렸는데 밥뚜껑이 국물 위에 동동 떠 있었다고 하죠. 그걸 보고 거북선을 만들었다고 들었습니다만……."

"네, 유명한 일화죠. 하지만 제가 배를 움직일 수 있는 거북선의 발견 원리보다 더 위대한 원리를 발견했다니까요."

평소 늘 대단한 원리를 발견했다고 호들갑을 떨긴 하지만 이렇게 자신 있게 사람들에게 얘기한 적은 없었기에 사람들은 닫아 두었던 귀를 쫑긋 세웠다. 이번에는 정말 대단한 원리를 발견한 것 같았기 때문이다.

"그게 정말입니까?"

모인 회원들 중 몇몇은 벌써 많은 기대를 담은 눈동자를 보내면서 집중했다. 그리고 그 기대에 보답이라도 하려는 듯 우레카 씨는 큰 소리로 자신 있게 대답했다.

"정말이지요! 세상을 깜짝 놀라게 할 원리입니다."

"그렇다면 이렇게 있을 수 없지, 우리 기자들을 부릅시다."

"그래요! 우리 동호회에서 역사상 가장 대단한 원리가 나올 것 같아요."

확신에 가득 찬 우레카 씨의 말을 들은 회원들은 기자를 부르기로 했고 과학 잡지 기자와 신문 기자에게 모두 연락해서 정기 모임 장소로 와 주기를 부탁했다.

"줄을 서시오~! 줄을 서시오~!"

이렇게 해서 많은 기자들이 자리를 가득 메웠고 회원 중 한 사람이 기자들의 자리를 정리해야 할 만큼 외부 사람들로 가득 찼다. 그리고 기자들을 만나기 전 우레카 씨는 이제 자신의 발견을 세상 사람들에게 알릴 수 있다는 생각에 마음이 몹시 설레었다. 그리고 기자들이 자신의 사진을 찍을 거라 예상하고 '이 정도면 사진발 잘 받겠지?' 하면서 옷과 머리를 매만지고 있었다.

"자, 그럼 거북선 발견 원리보다 더 대단한 원리가 무엇인지 알려 주시죠."

우레카 씨는 사진발에만 신경을 쓰느라 기자들이 기다리고 있다는 사실조차도 새까맣게 잊고 있었다. 그래서 사진기와 수첩을 들고 있는 기자들이 어서 보여 주기를 재촉했고 우레카 씨는 발발이 동호회 회원에게 세숫대야와 종이, 그리고 기름을 가져다 달라고 부탁했다. 회원들은 이것이 왜 필요한지 고개를 까우뚱하면서 준비한 물건들을 우레카 씨와 기자들 사이에 가져다 놓았다.

"그렇다면 이제 제가 보여 드리지요."

우레카 씨는 결의에 찬 모습으로 세숫대야에 물을 받아 왔고 준비된 종이로 종이배를 접었다. 그리고 물이 반쯤 담긴 세숫대야에 종이배를 띄웠다. 물론 종이배는 움직이지 않았다.

"설마…… 이게 끝은 아니겠지요?"

우레카 씨를 유심히 지켜보던 한 기자가 의아해하면서 물었다.

"성격도 급하셔라, 이제 자세히 보세요."

우레카 씨는 종이배를 띄워 놓고 배의 뒤쪽에 기름을 한 방울씩 떨어뜨렸다. 모든 사람들은 멀쩡한 물에 기름을 띄워서 어떡하나 하고 두근거리며 지켜보고 있었다. 그러나 그 순간 거짓말처럼 종이배가 앞으로 나아가고 있는 게 아닌가! 종이배를 손으로 밀지도 않았고 파도를 만든 것도 아니고 단지 기름 몇 방울 떨어뜨렸을 뿐인데 배가 앞으로 나아가고 있었다.

"와우~! 배가 움직이는 거 봤어?"

"이거 대단한걸! 역시 우리 우레카 씨야!"

구경하던 사람 모두 놀라움을 담은 탄성을 질렀다. 그리고 전진하는 배를 지켜보며 우레카 씨는 사람들에게 이 원리에 대해서 설명했다.

"제가 발견한 원리는 이것입니다. 이 원리로 기름을 배 뒤에 뿌리면 배가 앞으로 갈 수 있다는 것이죠. 정말 대단하지 않습니까?"

놀라워하는 사람들과 기자들의 모습을 보면서 발명 동호회 사람들도 항상 말만 번지르르했던 우레카 씨를 다시 보게 되었다. 이제 당당히 유명인이 될 우레카 씨였다.

"우레카 씨, 사진 좀 찍을게요."

'찰칵! 찰칵!'

앞으로 나아가는 배를 본 기자들은 이 순간을 놓칠세라 들고 있던 사진기로 움직이는 배와 우레카 씨의 모습을 찍기 시작했다. 우레카 씨는 어제 밤새 연습하길 잘했다고 생각하면서 마치 모델이라도 된 듯 능숙한 포즈를 잡았다.

우레카 씨의 쾌거! 몇 방울의 기름으로 배를 움직인다!

거북선이 부럽지 않은 배의 원리 발견!

기자들은 위와 같은 타이틀을 내세워서 우레카 씨가 발견한 원리에 대해서 기사를 썼고 모든 신문이 우레카 씨의 발견을 알리게 되었다. 신문에 실린 우레카 씨의 발견이 사람들에게 알려지는 것은 시간 문제였고, 그 원리는 사회의 이슈가 될 만큼 대단한 파장을 불러일으켰다. 그 신문을 본 사람들 중에 물리학회에 소속되어 있는 윌리라는 사람도 있었다.

"자네, 이 신문 기사 봤나?"

윌리 씨는 학회에 같이 있는 회원인 몰리 씨에게 기사에 대해서 물어봤다.

"네, 요즘 그 기사 모르면 간첩이라면서요?"

"근데 이거 진짜 같나?"

"그게 무슨 말씀이세요?"

"이 원리 말이야. 납득할 수가 없어. 불가능한 일이라고."

"에이, 설마 거짓으로 기사를 냈겠어요?"

"그건 모르는 일이지, 이거 확실히 알아봐야겠어."

우레카 씨가 발견해 낸 이 원리가 불가능하다고 생각한 윌리 씨는 물리협회에 있는 사람으로서 확실히 알고 싶었다. 그래서 윌리 씨는 몇 방울의 기름으로 배가 움직이는 게 가능한지 물리법정에 의뢰하게 되었다.

물 표면의 분자들 사이에는 서로 끌어당기는 인력이
작용하는데 배 뒤쪽에 기름을 부으면 배를 당기고 있던
인력의 균형이 깨어지게 됩니다.

배 뒤에 떨어뜨린 기름 한 방울로
종이배가 앞으로 나아갈 수 있을까요?
물리법정에서 알아봅시다.

재판을 시작하겠습니다. 요즘 큰 이슈로
부상하고 있는 기름 한 방울로 배가 앞으
로 나아가는 원리를 발견한 우레카 씨의 이
론이 가능한가에 대한 의뢰가 들어왔습니다. 원고 측은 이 이
론이 불가능하다고 보입니까?

그렇습니다. 기름을 에너지로 사용하여 엔진을 가동하면 배가
앞으로 나아갈 수 있겠지만 어떻게 배 뒤에 기름을 조금 뿌린
다고 해서 배가 앞으로 나갈 수 있는지 이해할 수 없습니다.

그렇지만 분명히 피고는 기름 한 방울로 종이배가 앞으로 나
가는 것을 실험을 통해 증명해 보였습니다.

기름을 뿌릴 때 살짝 종이배를 밀어 주었을지도 모릅니다. 꼭
기름을 뿌렸기 때문이라고 볼 수 없지요. 마술사처럼 우리 눈
을 아주 쉽게 속일 수 있으니까요.

원고 측은 피고 측의 이론을 믿지 못하고 있습니다. 원고가 믿
을 수 있도록 피고의 이론이 가능하다는 것을 입증해야 할 것
같군요. 피고 측의 변론을 들어 보겠습니다.

원고는 속고만 살았나 봅니다. 저희 피고 측에서 원고의 궁금

증과 의심을 깨끗하게 지워 드리겠습니다. 물 위의 종이배가 앞으로 나아가는 것은 다른 속임수가 있어서가 아니라 분명 기름 때문입니다.

 기름이 어떤 역할을 하는 것인가요?

 기름에 의해 종이배가 앞으로 나아가는 원리에 대한 구체적인 설명을 듣기 위해 증인을 요청합니다. 증인은 선박과학 업체의 이사장이신 강큰배 님입니다.

 증인 요청을 받아들이겠습니다.

배가 불룩 튀어 나와서 몇 번이나 앞으로 넘어질 것 같이 불안하게 걸어 나오던 50대 후반의 남성이 뒤뚱 거리면서 증인석에 앉았다.

 증인은 몇 십 년 동안 선박 원리를 연구하신 걸로 알고 있습니다. 종이배가 물 위에서 어떠한 힘이 주어지지 않고 기름을 떨어뜨리는 것으로만 움직일 수 있습니까?

 네, 종이배 뒤에 기름을 한 방울 떨어뜨린 효과 때문에 종이배가 앞으로 나아간다고 볼 수 있습니다.

 기름이 배를 앞으로 나아가게 만드는 원리는 무엇입니까?

 물 위에 떠 있는 종이배는 물 분자들에 둘러싸여 있습니다. 따라서 물 표면의 분자들 사이에는 서로 끌어당기는 인력이 작

용하고 있지요. 그런데 배 뒤쪽에 기름을 부으면 배를 당기고 있던 인력의 균형이 깨어지게 됩니다. 즉 물 분자들 사이에 기름 분자들이 섞여 물 분자들의 결합을 방해하게 되니까 배 뒤쪽에 기름을 부은 곳은 물 분자들 사이의 인력이 약해집니다. 따라서 배 앞쪽의 인력이 배 뒤쪽의 인력보다 더 커지게 되어 배는 당연히 앞으로 밀려나가는 것입니다.

 그럼 기름의 효과로만 앞으로 나아간다고 볼 수 있습니까?

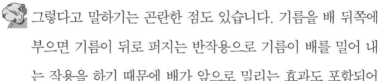 그렇다고 말하기는 곤란한 점도 있습니다. 기름을 배 뒤쪽에 부으면 기름이 뒤로 퍼지는 반작용으로 기름이 배를 밀어 내는 작용을 하기 때문에 배가 앞으로 밀리는 효과도 포함되어 있습니다.

 기름과 배의 반작용과 기름에 의한 물 분자들 사이의 인력이 약해지는 효과로 배가 앞으로 나아간다고 볼 수 있겠군요.

그렇습니다. 혹시 바다 한가운데에서 엔진이 고장 났다면 기름 탱크의 기름을 배 뒤에 조금씩 뿌려 배를 움직이게 할 수 있습니다.

피고가 직접 실험에서 보인 배의 이동은 배 뒤에 뿌린 기름이 원인이었음이 밝혀졌습니다. 이것으로 원고의 의심이 풀렸으리라 확신합니다.

피고 측의 변론을 통해서 엔진 없이 배가 밀려갈 수 있다는 것을 확인했습니다. 하지만 지금 피고 측은 과학의 남용이 얼마나 심각한 환경오염을 만들어 낼 건지에 대해서는 조금도 생각하지 않은 것 같군요. 바다에서 운행되는 배의 규모로 볼 때 이런 방법으로 배를 움직이게 하려면 엄청난 양의 기름을 바다에 쏟아 부어야 하겠군요. 그로 인해 생기는 바다의 기름 오염은 실로 엄청날 것이며 고기잡이나 양식을 주업으로 하는 어민들 또한 엄청난 피해를 입을 것입니다. 그렇기 때문에 이번 피고의 아이디어는 초등학교 과학 실험실에서 표면장력을 가르칠 때 보여 주는 실습용으로만 인정하고 이 방법을 바다를 돌아다니는 배에 적용해서는 안 된다고 판결합니다.

재판이 끝난 후 우레카 씨는 자신의 아이디어가 바다 오염을 일으킬 수 있으므로 실제의 배에서는 사용해서는 안 된다는 멘트와 함께 자신의 이론을 〈엉뚱과학〉 잡지에 실었다.

 **작용 반작용**

두 개의 물체가 서로 힘을 주고받을 때 한 물체가 다른 물체에 힘을 가하면 힘을 받은 물체도 힘을 준 물체에게 똑같은 크기의 힘을 가하게 되는데 이를 작용 반작용이라고 부른다. 즉 물체 A가 물체 B에 주는 작용과 물체 B가 물체 A에 주는 반작용은 크기가 같으며 방향은 반대이다.

넘치지 않는 물

물이 가득 담긴 물컵에 동전을 넣어도
물이 넘치지 않는 이유는 무엇일까요?

과학공화국에 살고 있는 김워러 씨는 신비한 물을
모으는 취미를 가지고 있다. 이것 때문에 김워러 씨
는 세계 여행도 자주 다녀오곤 했다. 이때까지 모은
것만 해도 수심 500m에서 퍼온 물, 병든 식물에게 주면 바로 싱싱
하게 살아난다는 물 등 정말 신기한 물들만 모아서 집에 보관해 두
는 것이 김워러 씨 인생의 낙이었다. 그러던 김워러 씨는 또 다른 신
비한 물을 찾기 위해서 이번에는 오지로 떠나기로 결심했다. 김워러
씨 친구가 오지 마을에 가면 세상에서 제일 깨끗한 물이 있다고 귀
띔해 줬기 때문이었다.

"친구, 자네 집에 이 세상에서 가장 깨끗한 물은 있는가?"

"아니, 없는데! 혹시 그게 어디 있는지 알고 있는 거야?"

"이 정보망이 어디 가겠나 싶어. 비행기로 여덟 시간 가서 배로 두 시간 더 들어가면 도착하는 오지에 있다고 하더라고."

"정말이야?"

"속고만 살았나? 이번엔 오지에 한번 갔다 오지 그래?"

그렇게 해서 김워러 씨는 다가오는 주말에 친구가 가르쳐 준 그 오지에 가기로 마음먹었던 것이다. 오지로 가는 길은 매우 힘들었다. 오지까지 비행기로 바로 갈 수가 없었기 때문에 몇 번이나 비행기를 갈아타고 또 배를 타고 두 시간이나 더 들어가야만 했다.

"아! 또 배로 들어가야 하는 거야? 그래도 조금만 참으면 세상에서 가장 깨끗한 물을 얻을 수 있어. 힘내자!"

비록 몸은 힘들었지만 세상에서 제일 깨끗한 물을 얻을 수 있다는 생각만으로 버티면서 오지까지 갔다. 김워러 씨가 도착한 오지에는 대부분 흑인들이 부족을 이루고 살고 있었다. 그들은 대부분 옷을 걸치지 않았고 음식은 그때그때 숲이나 강에 가서 구해 왔다. 그야말로 문명의 손길이 전혀 미치지 않은 오지 중의 오지였다.

"이렇게 문명화되지 않았으니깐 오염되지도 않았겠지, 대단해!"

김워러 씨는 오지의 마을을 둘러보면서 모든 게 깨끗한 자연의 상태 그대로 있는 것을 보고는 대단하다고 생각했다. '이런 상태로 유지되니까 세상에서 제일 깨끗한 물도 있을 수 있구나' 라는 생각을 한 것이었다. 그렇게 마을을 구경하고 나서 오지로 온 진짜 목적인 세상에서 제일 깨끗한 물을 찾기 시작했다. 친구가 가르쳐 준 대로 손짓 발짓을 써 가며 원주민에게 묻고 물어서 드디어 세상에서 제일 깨끗한 물이 있다는 곳에 도착했다.

"심봤다! 아니, 물 봤다! 이게 바로 세상에서 제일 깨끗한 물이라는 건가!"

멀리서 졸졸졸 흐르는 물이 얕게 고여 있는 곳이었다. 물이 있는지 없는지 구별도 할 수 없을 만큼 투명한 물이었다.

"이 잘생긴 얼굴이 그대로 비칠 정도로 정말 깨끗하네. 얼른 담아야겠어."

김워러 씨는 감격하는 것도 잠시, 미리 준비해 둔 깨끗한 물통에 고여 있는 물을 담았다. 김워러 씨는 오는 내내 혹시나 물을 쏟진 않을까 조심조심하며 담긴 물통을 꼭 쥐고 과학공화국으로 귀국했다.

"여보! 이번에 가져온 물은 세상에서 제일 깨끗한 물이야."

김워러 씨는 집에 들어서자마자 아내를 불러서 자신이 가져온 물을 자랑했다.

"세상에, 정말 그런 물이 있단 말이에요?"

"그래, 이것 봐! 이건 내일 특별히 컵에 담아서 보관할 거야."

"아니, 왜요?"

"내일 동창들 온다고 얘기했지? 내가 제일 깨끗한 물을 가져왔다는 걸 자랑하고 싶어."

평소에 잘 만나지 못하는 고등학교 동창들에게 자신이 직접 오지에까지 가서 가져온 세상에서 제일 깨끗한 물을 자랑하고 싶었다. 김워러 씨는 자신이 가져온 깨끗한 물을 컵에 넘칠 듯 가득 채워 놓았다. 다음 날, 김워러 씨의 고등학교 동창들이 예정대로 그의 집에 놀러 오게 되었다.

"친구야~! 반갑다."

"그래, 이게 얼마만이야? 통통한 건 여전하구나!"

"하하하! 그게 어디 가겠어? 이제부터는 얼굴 좀 보고 살자."

오랜만에 모인 김워러 씨와 친구들은 옛날 학창 시절 이야기들을 주거니 받거니 하면서 즐겁게 저녁을 먹었다. 그리고 김워러 씨는 얼마 전에 떠 온 깨끗한 물을 자랑하는 것을 빼먹지 않았다.

"아! 맞다. 내가 신비한 물 모으는 거 알지? 이번엔 세상에서 제일 깨끗한 물을 떠 왔어."

"와~! 정말이야? 우와~! 지극정성이네."

"내가 오지까지 갔다 왔다는 거 아니겠냐. 구경이나 하렴."

깨끗한 물이라고는 하지만 마실 수도 직접 만질 수도 없고 그냥 보기에는 다 똑같은 물이기에 친구들은 예의상 부럽다는 말만 할 뿐 그 깨끗한 물에 별다른 관심을 가지지는 않았다. 그래서 이야기는 다시 옛날이야기로 돌아갔다.

"그거 기억 나? 우리 옛날에 했던 놀이, 손등에 동전 올려놓고 동전 옮기는 놀이 말이야."

"아~! 그거 기억나지. 우리 반에 그거 4초 만에 하는 애가 있었잖아."

"그거 아직도 되려나 모르겠네."

손가락 사이사이 틈으로 동전을 옮기는 놀이였는데 김워러 씨와 그의 친구들이 자주 어울려서 했던 놀이였다. 말이 나온 김에 김워러 씨의 친구인 박덤벙 씨가 일어나서 동전 놀이를 보여 주기로 했다.

"이걸 이렇게 넘기면……."

한창 집중해서 동전 놀이를 하던 중에 갑자기 '첨벙' 하는 소리가 들렸다. 박덤벙 씨의 손등에 있던 동전이 어느새 그만 김워러 씨가 떠 온, 세상에서 제일 깨끗한 물이 담긴 컵에 떨어진 것이다.

"어라! 빠져…… 버렸네."

어쩔 줄 몰라 하던 박덤벙 씨는 일단 김워러 씨의 얼굴부터 살폈다. 우려했던 대로 김워러 씨의 얼굴은 이미 새하얗게 질려 있었다.

"그, 그게 어떤 물인 줄 알잖아!"

"어쩌다 빠져 버렸어."

"이거, 물이 줄어들었잖아. 물값 물어내."

"친구 사이에 뭐 그런 거까지……."

"아무리 친구 사이라도 이 물을 구하려고 내가 얼마나 고생했는지 아까 들어서 알잖아. 줄어든 만큼 물값 물어내."

"와~! 치사하다 정말. 못 물어낸다."

"그렇게 나오면 어쩔 수 없어."

김워러 씨는 아무리 고등학교 동창이지만 세상에서 제일 깨끗한 물이 줄어든 만큼의 값을 받아 내기 위해서 동창 박덤벙 씨를 물리 법정에 고소했다.

소금쟁이가 물 위를 걸어 다니고 물 위에 무거운 배를 띄웠을 때 가라앉지 않는 것도 모두 표면장력 때문입니다.

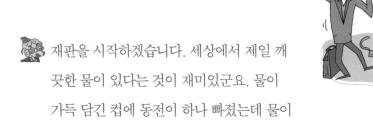

여기는 물리법정

물이 가득 담긴 물컵에
동전이 빠지면 물의 양이 줄어들까요?
물리법정에서 알아봅시다.

재판을 시작하겠습니다. 세상에서 제일 깨
끗한 물이 있다는 것이 재미있군요. 물이
가득 담긴 컵에 동전이 하나 빠졌는데 물이
얼마나 줄어들었습니까? 원고 측 변론해 주십시오.

물이 가득 담긴 컵에 동전을 떨어뜨리면 동전 부피만큼의 물
이 넘치게 됩니다. 동전의 부피를 알려면 메스실린더에 물을
넣은 후 높이를 잰 다음 동전을 하나 넣어 물이 올라간 높이를
다시 재면 됩니다.

물치 변호사가 동전의 부피를 메스실린더를 이용해서 구하는
방법도 설명할 수 있을 정도인지 몰랐습니다.

하하하! 사실 이 법정 준비를 위해 공부를 좀 했습니다.

노력이 가상하군요. 그럼 동전을 컵 속에 떨어뜨린 피고는 얼
마나 보상해야 합니까?

동전의 부피가 전체 물의 부피에 대해 얼마나 되는지 알아본
다음 세상에서 가장 깨끗한 물을 얻기 위해 비행기랑 배를 탄
비용, 그리고 식비와 통역비 등의 총액에 대한 일부를 부담해
야 합니다.

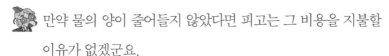

만약 물의 양이 줄어들지 않았다면 피고는 그 비용을 지불할 이유가 없겠군요.

물컵 속에 동전이 들어갔는데 동전의 부피가 0이 아니면 분명 동전의 부피만큼 물이 넘쳤을 겁니다. 어떻게 물의 양이 줄어들지 않는단 말입니까?

그거야 피고 측 변론을 들어 보면 알 수 있겠지요. 물의 양이 줄어들었다고 볼 수 있습니까? 피고 측 변론하십시오.

원고의 물컵에 동전을 떨어뜨린 사람은 피고가 맞고 만약 동전 때문에 물이 넘쳤다면 분명 그 비용을 배상해야 할 책임이 있습니다. 하지만 동전으로 인해 물은 넘치지 않았습니다.

물이 넘치지 않았다면 비용을 부담할 필요는 없지만 가득 담긴 물컵에 동전이 들어갔는데 어떻게 물이 줄어들지 않았다고 주장하시는 건가요?

물이 가진 능력이라고 볼 수 있지요. 가득 담긴 물이 넘치지 않은 이유에 대한 설명을 드리기 위해 증인을 요청합니다. 증인은 워터과학 연구소의 만가득 님입니다.

증인 요청을 받아들이겠습니다.

호주머니에 동전을 한가득 담은 50대 중반의 남성이 걸을 때마다 동전 소리를 내면서 증인석으로 걸어 나왔다. 두 손으로는 속이 보이는 투명한 유리컵에 물을 가득 담고 물이 쏟아지지 않도록 조심조심 받치고 있었다.

 물이 가득 담긴 컵에 동전이 빠졌습니다. 물이 넘칩니까?

 동전의 양이 많으면 넘칠 수 있겠지만 처음 몇 개의 동전으로는 넘치지 않을 겁니다.

 피고는 원고의 물컵에 동전 하나를 떨어뜨렸습니다. 작은 컵이라도 동전 하나 정도로는 물이 넘쳤다고 볼 수 없겠군요.

 동전 하나가 빠졌다면 물이 넘치지 않았을 겁니다.

 가득 담긴 물컵에 물이 넘치지 않을 수 있는 이유는 무엇입니까?

 물 표면에 껍질이 있다고 표현하고 싶군요.

 정말 재미있는 표현이군요. 물 표면에 껍질이 생긴다고요?

 물을 가득 담아 넘칠 정도인 물컵에 조심스럽게 동전을 하나씩 넣으면 물이 컵 가장자리로 넘쳐흐를 때까지 생각보다 많은 동전이 들어가는 것을 확인할 수 있습니다. 동전이 들어가면 그 부피만큼 물이 넘쳤을 거라 생각하지만 실제로 물이 넘친 것을 발견할 수 없습니다. 물은 넘치지 않았으니까요. 수면을 자세히 들여다보면 볼록하게 치솟은 것을 확인할 수 있습니다. 마치 표면에 얇은 껍질이 덮여 있는 것 같은 모습을 하고 있지요. 동전이 더 들어가면 보이지 않는 껍질이 찢어져 물이 컵 밖으로 흘러내리게 되고 물의 볼록하게 솟은 부분은 평

평해집니다.

 동전 몇 개가 들어갈 때까지 물이 쏟아지지 않는 이유는 무엇이며 동전이 더 많이 들어가면 물이 쏟아지는 것은 왜인가요?

 물은 표면의 물 분자들이 안쪽으로 잡아당기는 힘을 가지고 있기 때문에 쉽게 쏟아지지 않습니다. 이러한 힘을 표면장력이라고 하며 바늘이 물 위에 뜨는 것이나 소금쟁이가 물 위를 걸어 다닐 수 있는 것도 모두 표면장력 때문이지요. 물 위에 그물망으로 된 무거운 배를 띄웠을 때 가라앉지 않는 것도 바로 이 힘 때문입니다. 그런데 배 한쪽을 눌러서 이 껍질의 일부가 찢어지면 배의 무게로 인해 다른 부분도 쉽게 찢어져 배가 가라앉게 되는 겁니다. 마치 둑에 작은 구멍이 생기면 점점 커져 둑이 무너지는 것처럼 말이지요. 이처럼 물의 껍질이 찢어진다는 것은 물이 솟아올라 쏟아지려는 힘이 커지고 물 분자들 사이의 인력이 약해졌기 때문입니다.

 동전이 한 개가 아니라 몇 개가 들어갈 때까지 쏟아지지 않다니 물의 표면장력이 정말 대단하군요.

 하지만 만약 물에 세제를 넣으면 세제 분자들이 물 분자들 사이에 끼어들어 인력을 약하게 만들므로 표면장력이 아주 약해집니다. 그렇기 때문에 물의 표면장력이 강하다는 것을 느끼기 위해서는 다른 불순물은 첨가하지 않도록 하는 것이 좋습니다.

 피고가 실수로 물속에 동전을 떨어뜨려 원고의 기분을 상하게 한 점은 인정하지만 피고가 떨어뜨린 동전으로 인해 물이 넘쳤다고 인정할 수 없으므로 피고는 원고에게 금전적인 배상을 할 필요가 없습니다.

 물은 표면장력이 크기 때문에 동전 몇 개 정도는 충분히 표면장력으로 쏟아지지 않는다는 것을 알았습니다. 따라서 피고는 원고에게 물값을 배상할 의무가 없습니다. 피고는 물의 표면장력이 크다는 점 덕분에 이 사건에서 이겼으니 물에게 고맙다고 해야 할까요? 하하하! 하지만 원고의 기분을 상하게 한 것은 인정되므로 원고가 마음의 안정을 찾을 수 있도록 사과하고 위로해 주십시오. 이상으로 재판을 마치도록 하겠습니다.

재판이 끝난 후 친구는 김워러 씨에게 미안함을 표시했다. 김워러 씨도 마음이 진정되자 친구 사이에 너무 몰아붙였다며 미안하다고 했다. 두 친구는 이 사건으로 인해 물의 표면장력을 배울 수 있었으니 좋은 추억으로 기억하자며 껄껄 웃어 버렸다.

 물방울이 공 모양인 이유

물은 표면장력 때문에 가능한 한 표면의 넓이를 작게 하려는 성질이 있다. 그래서 물방울은 표면적이 가장 작은 상태인 공 모양을 이루게 된다.

반중력 꿀물

아래로 흘러내리는 꿀을
다시 위로 올라가게 할 수 있을까요?

과학공화국에서는 유난히 특이한 걸 좋아하는 나꾀
짜 씨가 살고 있었다. 나꾀짜 씨는 다른 사람들이라
면 그냥 지나칠 일들 하나하나에 관심을 가졌고 한
번 관심을 가지기 시작하면 밤이 새는지도 모르고 관찰하는 스타일
이었다. 저번에는 글쎄 커피 가루가 뜨거운 물에 녹는 게 신기하다
면서 커피 한 통을 모두 써 버린 일도 있었는데 그 이후로 며칠 동안
커피 때문에 잠을 잘 수 없었다는 얘기가 나올 정도였다. 그러던 나
꾀짜 씨가 텔레비전에 출연하게 되었다. 저번에 나꾀짜 씨가 관심을
가졌던 것을 재미삼아 '스폰지'에 제보했는데 그게 방송 출연 결정

이 난 것이었다. 마을에서도 꽤 유명했던 나괴짜 씨가 텔레비전에 나온다고 하자 그 소식이 마을 전체에 빠르게 퍼졌다.

"나괴짜가 무슨 일로 티비에 나와? 노래 자랑이라도 나간 거야?"

"아니~! 그…… '스퐁지'라 하는 곳에 제보를 했는데 덜컥 붙어 버렸대."

지나가는 사람들마다 나괴짜 씨가 텔레비전에 나온다는 얘기를 주고받느라 바빴다. 드디어 '스퐁지'가 방송되는 일요일, 나괴짜 씨와 그의 가족들이 '스퐁지'를 보기 위해서 모였다. 만날 방에 틀어박혀 있으면서 꿍하게 있던 나괴짜 씨가 텔레비전에 나온다고 하니 나괴짜 씨의 사돈의 팔촌까지 모두 '스퐁지'가 빨리 방송되기를 기다렸다. 드디어 '스퐁지'가 시작됐다. 사회를 보는 이바람 씨와 이혹재 씨가 나와서 처음 질문을 던졌다. 초록색 바탕에 빈칸을 포함한 글이 써져 있었다. 제시문은 다음과 같았다.

꿀로 [   ]을/를 발견할 수 있다!

제시문이 나오고 빈칸을 밝히기 전에 '스퐁지'에 출연한 연예인들이 빈칸을 추측하는 순서였다.

"음, 꿀로…… 개미를 발견할 수 있다?! 개미가 꿀의 달달한 냄새 맡고 올 수도 있잖아요."

평소 웃기기로 유명한 홍녹기 씨가 얼토당토않은 추측으로 방청객의 웃음을 자아냈다. 다른 많은 추측이 나온 가운데 이혹재 씨는 자신의 특기인 앙드레박 씨를 성대모사하면서 빈칸을 확인했다.

"암, 그럼 판타스틱한~ 대답이 나왔는데요. 그럼~ 이제 엘레~ 강~스하게 알아볼까요?"

꿀로 반중력을 발견할 수 있다!

화면 가득히 빈칸이 벗겨지면서 반중력이라는 글자가 나왔다. 그리고 바로 화면에 나괴짜 씨가 나왔다.

"어머, 저기 나온 거 우리 나괴짜야, 나괴짜!"

"역시 화면발 잘 받는다니깐~!"

텔레비전에 나온 나괴짜를 본 가족들은 기뻐서 소리쳤다. 역시 텔레비전에 아는 사람이 나온다는 것만큼 자랑스러운 게 없었다. 화면에서의 나괴짜 씨는 집 부엌에서 쭈뼛쭈뼛 서서 인사를 하고 있었다.

"안녕하세요? 저는 나괴짜입니다. 며칠 전 제가 '사람은 얼마나 초코파이를 많이 먹을 수 있을까' 하는 게 궁금해서 실험하다가 초코파이를 너무 많이 먹어서 속이 안 좋아졌습니다. 그때 속 푸는 건 꿀물이 최고라고 하기에 꿀물을 타 마시려고 하다가 발견을 한 것입니다."

그렇게 자기소개와 새로운 지식을 발견하게 된 배경을 이야기하고 얼른 실험을 하기로 했다. 부엌에서 가져온 것은 집에 있는 노란

꿀과 가위와 꿀을 뜰 수 있는 숟가락이었다.

"이제 제가 반중력을 보여 드리겠습니다."

나괴짜 씨는 아직도 카메라에 적응이 되지 않아 눈을 어디에 둬야 할지 몰라서 어정쩡하게 가져온 재료들로 실험을 하기 시작했다. 일단 숟가락으로 꿀을 한 스푼 가득히 떴다. 그리고 나괴짜 씨는 자신의 머리 높이에서 숟가락을 기울여 꿀을 떨어뜨렸다. 꿀은 원래 끈적끈적하기 때문에 떨어지면서 끊어지는 법 없이 죽 떨어졌다. 그리고 숟가락에 있는 꿀이 다 떨어지기 전에 가위를 들었다.

"이제 떨어지는 꿀을 가위로 잘라 보겠습니다."

나괴짜 씨는 교과서를 읽는 듯한 말투로 설명하며 가위로 흐르는 꿀의 중간쯤을 잘랐다. 방송을 보는 대부분의 사람들이 가위로 꿀이 흐르는 줄기를 자르면, 아예 물처럼 잘리지 않거나 모두 바닥으로 떨어질 것이라고 예상했다. 하지만 텔레비전에서 나오는 영상은 그 모든 예상을 뒤엎었다. 싹둑 자르자마자 밑에 있는 꿀은 바닥으로 떨어졌지만 가위 위에서 내려오고 있던 꿀은 다시 죽 위쪽으로 올라가는 것이었다.

"보셨습니까? 꿀이 다시 올라갔습니다."

텔레비전에서는 아까 꿀이 흐르던 줄기가 잘리자 내려오려던 꿀이 위로 착 올라가는 모습을 천천히 느린 재생으로 보여 주고 있었다. '스펀지'가 자랑하는 초고속 카메라로 찍은 영상이었다.

"뉴턴은 떨어지는 사과를 보고 중력을 발견했지만 저는 다시 올라오는 꿀을 보고 반중력을 발견했습니다."

실험을 다 끝낸 나괴짜 씨는 역시나 교과서적인 말투로 어색하게 말해 놓고 멋쩍은 듯 빙그레 웃으면서 마무리를 지었다. 이것이 나괴짜 씨가 나온 방송 분량의 모두였다.

"우리 마을에서 스타 하나 탄생했구먼."

나괴짜 씨의 아버지가 방송을 흐뭇하게 지켜보다가 아들이 대견한 듯 말했다. 나괴짜 씨는 텔레비전에 나온 자신의 어색한 모습을 보면서 민망해하고 있었다. 이렇게 나괴짜 씨가 제보한 반중력에 대한 영상은 모두 나갔다. 이제 남은 것은 판정단의 판정이었다. 판정을 내리기 위해 사회자 이바람 씨와 방청객 모두가 '지식의 별!'을 외쳤다.

별이 다섯 개 있는데 그중에서 다섯 개 모두가 노란색으로 채워지면 상금도 주고 별 다섯 개라는 명예도 얻을 수 있었다. 텔레비전을 보는 사람 모두 조마조마한 마음으로 별이 채워지는 걸 지켜보고 있다. 왔다 갔다 하던 노란색이 이제 서서히 채워지기 시작했다.

"한 개, 두 개, 다…… 다섯 개다!!"

함께 텔레비전을 보고 있던 나괴짜 씨와 가족들은 다섯 개의 별이 모두 채워지자 일어나서 부둥켜안고 좋아서 방방 뛰었다.

"다섯 개다, 다섯 개! 역시 우리 나괴짜야~!"

"저 상금은 제가 다음 실험하는 데 쓰이게 해 주세요."

"어, 어? 엄마 김치 냉장고 사면 안 되겠니?"

당황해하던 나괴짜 씨는 다시 텔레비전을 보기 위해서 앉았다. 대답을 회피하려는 행동이었다. 여전히 켜져 있는 텔레비전에서는 사회자들이 오랜만에 나온 별 다섯 개를 축하하고 있었다.

"오랜만에 별 다섯 개네요! 물론 상금도 드리겠습니다! 이 상금으로 다시는 초코파이 사 먹지 마세요. 하하하!"

이렇게 해서 나괴짜 씨는 정말 동네에서뿐만 아니라 '스폰지'가 방영되는 과학공화국에서 유명인사가 되었다. 별 다섯 개가 오랜만에 나온 것도 화제였지만 반중력을 발견했다는 것도 대단한 화제가되었다. 그런데 '스폰지'를 보던 사람 중에는 열혈 시청자 안믿어 씨가 있었다. 평소 '스폰지'를 즐겨 보던 안믿어 씨는 이번에 별 다섯 개를 받은 반중력이 말도 안 된다고 생각했다. 꿀이 단지 다시 올라가는 것만으로 반중력이라고 하기에는 뭔가가 걸리는 것이었다.

"저게 반중력이라고? 그건 아닌 것 같은데?"

'스폰지' 열혈 시청자로서 도무지 납득이 되지 않는 경우는 이번이 처음이었다. 안믿어 씨는 '스폰지'의 발전을 위해서라도 잘못된 것은 바로잡아야겠다는 생각이 들었다. 그래서 물리법정에 꿀이 다시 올라간 이유가 반중력 때문인지 아닌지를 확인해 달라며 의뢰를했다.

흘러내리는 꿀을 칼로 자르면 칼 위의 꿀 무게가
줄어듭니다. 칼로 끊는 위치가 숟가락으로부터 너무
아랫부분이 아닌 경우에는 표면장력이 중력보다
커져서 꿀이 위로 올라가게 됩니다.

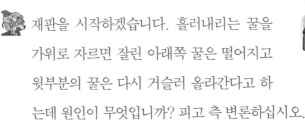

여기는 **물리법정**

꿀이 아래로 흘러내리다가
위로 올라가는 것이 반중력 때문일까요?
물리법정에서 알아봅시다.

재판을 시작하겠습니다. 흘러내리는 꿀을
가위로 자르면 잘린 아래쪽 꿀은 떨어지고
윗부분의 꿀은 다시 거슬러 올라간다고 하
는데 원인이 무엇입니까? 피고 측 변론하십시오.

꿀을 가위로 잘랐을 때 일어나는 신기한 현상은 피고가 '스폰
지' 프로그램에 의뢰를 한 것입니다. 잘려진 꿀의 윗부분이
거꾸로 거슬러 올라가는 것은 중력에 의해 아래로 떨어지는
것처럼 반중력에 의해 꿀이 위로 거슬러 올라가는 것을 증명
하는 것입니다. 이것은 현재 최상의 인기로 시청자들의 사랑
을 듬뿍 받고 있는 '스폰지'에서도 인정한 과학적 원리입니
다. 게다가 자석도 다른 극끼리는 당기는 인력이 있고 같은 극
끼리는 밀어내는 척력이 있는 것을 보면 중력에 반대되는 개
념인 반중력이 있음이 확실합니다. 피고는 반중력이라는 대단
한 힘을 찾아낸 것이지요.

원고는 피고의 반중력에 대해 인정할 수 없다고 하는데 그 이
유는 무엇인지 알아보겠습니다. 원고 측 변론하십시오.

꿀이 원래의 상태로 되돌아가려는 것은 반중력에 의한 결과가

아니라 꿀 분자들끼리 당기는 인력 때문입니다.

 좀 더 자세한 설명을 부탁드립니다.

 증인을 모셔서 설명을 들어 보도록 하겠습니다. 분자인력 과학 연구소의 박당김 박사님을 증인으로 요청합니다.

 증인 요청을 받아들이겠습니다.

머리에 젤을 듬뿍 바르고 끈적거리는 미소를 지으며 나타난 50대 초반의 남성이 보기와는 다르게 논문을 여러 권 가지고 나와 증인석에 앉았다.

 나괴짜 씨의 꿀을 이용한 실험은 가능한 일인가요? 그것이 반중력이라는 이론이 맞는 말입니까?

 꿀을 가위로 자르는 피고의 실험은 잘못된 것이 없습니다. 하지만 그것의 원인이 반중력이라는 것은 인정할 수 없습니다. 아직 반중력에 대한 어떠한 증거도 없으며 반중력은 인정받고 있는 이론이 아닙니다.

 잘려진 꿀의 위쪽 부분이 거슬러 올라가는 것의 원인은 무엇입니까?

 꿀은 흘러내릴 수 있는 액체입니다. 액체 내부의 분자들은 주위에 비슷한 분자들로 둘러싸여 있어서 모든 방향으로 같은 크기의 힘을 받습니다. 그러나 액체 상층 표면에 있는 분자들은 표면 아래쪽으로 힘을 받아 바로 아래에 있는 분자들 쪽으로 더 가까이 끌려가게 됩니다. 그러나 곧 그들을 떼어 놓는 반발력이 작용하게 되고 결국은 동적 평형에 도달하게 됩니다. 이것은 액체 표면 근처의 분자들은 부가적인 위치 에너지를 갖는다는 말이지요.

 동적 평형이란 어떤 의미인가요?

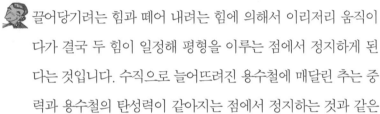 끌어당기려는 힘과 떼어 내려는 힘에 의해서 이리저리 움직이다가 결국 두 힘이 일정해 평형을 이루는 점에서 정지하게 된다는 것입니다. 수직으로 늘어뜨려진 용수철에 매달린 추는 중력과 용수철의 탄성력이 같아지는 점에서 정지하는 것과 같은 원리입니다. 이것을 표면장력이라고 하는 힘의 정체이지요.

 그렇다면 반중력에 의한 것이 아니라 표면장력에 의해서 꿀의 윗부분이 끌려 올라간다는 것입니까?

그렇습니다. 액체 표면은 단위 면적당 일정량의 위치 에너지를 가지게 되며 이러한 위치 에너지는 항상 그 자체를 최소화하려는 경향이 있습니다. 즉 액체는 그 자체의 표면적을 최소화하려고 움츠려 드는 것입니다. 이것이 액체 표면이 마치 펼쳐진 고무막처럼 작용하는 이유입니다.

 꿀의 경우에 대해서 구체적인 설명을 부탁드립니다.

 꿀이 흘러내릴 때 천천히 부으면 중력을 받아 꿀의 무게가 표면장력보다 커지기 시작할 때 꿀이 늘어져서 내려옵니다. 흘

러내리는 꿀을 칼로 끊으면 칼 위의 꿀 무게가 줄어들게 되지요. 칼로 끊는 위치가 병 입구로부터 너무 아랫부분이 아닌 경우에는 표면장력이 중력보다 커져서 꿀이 되돌아 올라갈 수 있게 됩니다. 이와 비슷한 현상으로 수도꼭지를 약간만 틀어놓고 떨어지는 물방울을 살펴보면 수도꼭지의 입구에 물이 축적되면서 물방울이 늘어뜨려지게 되고 방울이 커지면서 방울의 모양은 더욱 길어집니다. 물방울은 결국 떨어지지만 남아 있는 물은 다시 위로 움츠려 올라갑니다.

 꿀이 떨어지는 것은 중력이 있어야 가능하겠군요. 중력이 없으면 액체들은 어떻게 되나요?

 물론 중력이 없으면 아래로 떨어지지 않습니다. 중력이 없으면 액체는 항상 구형인데 그 이유는 표면장력에 의해 부피가 가장 작은 모양을 만들려고 하는 성질을 가지게 되기 때문이며 주어진 부피에서 구가 표면적이 가장 작습니다. 중력이 있는 지구에서도 흘러내리는 꿀을 잘라서 되돌아가는 현상을 보기 위해서는 꿀을 너무 빨리 쏟으면 안 되고 천천히 가늘게 떨어지도록 주의해야 합니다.

 꿀이 되돌아가는 원리는 액체의 표면장력이 중력을 이기고 되돌아가려는 힘에 의한 결과이며 반중력에 의해서 일어나는 현상이 아님이 밝혀졌습니다. 따라서 '스폰지'에 방송되었던 실험의 반중력에 대한 설명은 표면장력에 의한 현상인 것으로 바꾸어야 할 것입니다. 또한 반중력이 아님이 확인되었기 때문에 피고가 받았던 돈도 다시 돌려주어야 할 것입니다.

 피고는 자신이 주장한 반중력의 발견이 본인의 착각이었음을 인정해야 할 것입니다. '스폰지' 프로그램 측에서는 피고의 이론이 잘못된 것임을 알리고 표면장력에 의한 현상임을 방송에서 설명해야 합니다. 방송은 전 국민에게 영향을 줄 수 있는 공중파임을 감안할 때 '스폰지' 프로그램의 책임 또한 아주 크다고 판단됩니다. 따라서 시청자들에게 사과 방송을 하고 방송에 내보낼 내용에 대한 꼼꼼한 준비가 필요함을 인식하시기 바랍니다. 피고가 받은 돈은 반중력의 발견에 대한 시청자들의 선택으로 받은 것이므로 방송국에 돌려주도록 하십시오. 이상으로 재판을 마치도록 하겠습니다.

재판이 끝난 후 '스폰지' 측에서는 반중력에 대한 정보가 사실은 표면장력에 의한 것이었음을 밝히고 사과 방송을 내보냈다. 나귀짜

 중력

질량을 가진 두 물체 사이에는 서로를 잡아당기는 힘인 만유인력이 존재하는데 이때 지구와 같은 어떤 천체가 물체를 잡아당기는 만유인력을 중력이라고 부른다.

씨는 판결에 따라 '스퐁지'에서 받은 지식 개발금 전부를 다시 반납했다. 하지만 그 후에도 나괴짜 씨는 괴짜 실험을 포기하지 않았고, 언젠가는 '스퐁지'에 다시 출연해서 꼭 상금을 받겠다고 다짐했다.

붓털이 안 모이잖아?

물속에 있던 붓을 꺼내면
흩어졌던 붓털이 다시 붙는 이유는 뭘까요?

"청산이~ 높다 하되~ 하늘 아래~ 뫼이로다~!"

서예가 박명필 씨는 산 기운을 받으면서 서예를

하기 위해 백두산에서 홀로 집을 짓고 살고 있었다.

속세가 있는 세상과는 멀리 떨어져서 맑은 정신으로 서예를 하기 위

해서였다. 그러던 그에게도 서예를 가르쳐 준 스승님이 계셨다.

"붓은 그렇게 잡는 게 아니야."

"마음가짐이 흐트러졌어."

"붓의 끝을 보란 말이야."

서예를 하는 것에 있어서는 무엇보다 엄격하신 스승님이었다. 이

러한 스승님의 따끔한 지도 아래 박명필 씨의 서예 실력은 하루하루 눈에 띄게 좋아지고 있었다. 그러던 어느 날 서예를 하기 위해 먹을 갈고 있던 중 스승님께서 갑자기 쓰러지게 되었다.

"스승님! 스승님! 정신 차리십시오!"

"내가 이제 갈 때가 된 것 같구나!"

"스승님, 그런 말씀 마셔요."

박명필 씨의 스승님은 이제 몸이 너무 허약해져 세상을 떠날 때가 된 것이었다. 그렇게 갑작스럽게 스승님의 마지막을 같이 하게 된 박명필 씨는 하나뿐인 스승님을 잃게 된다는 슬픔에 눈물을 흘렸다. 그때 스승은 마지막 남은 힘으로 입을 열었다.

"저기…… 가서…… 내…… 붓을 가져 오너라."

근근이 나오는 목소리로 스승은 박명필 씨에게 자기가 항상 서예를 할 때 쓰던 붓을 가져오라고 했다. 마지막 스승님의 부탁이라 박명필 씨는 눈물을 훔치며 얼른 가서 붓을 챙겨 왔다.

"스승님, 여기 있습니다."

"이 붓은 너에게 주, 주는…… 마지막…… 선물이니라."

"스승님!"

그렇게 박명필 씨의 스승은 자신이 쓰던 붓을 제자에게 전해 주고는 이 세상을 떠났다. 박명필 씨는 그 이후로 스승님을 잃은 슬픔에 며칠을 울면서 보내다가 붓을 전해 준 스승님의 뜻을 깨닫고는 예전보다 더 서예에 열중했다.

"역시 스승님의 혼이 담겨 있어."

박명필 씨는 스승님의 붓 때문인지 새로운 다짐 때문인지 쓰는 글마다 아름답고 알맞게 절제되어 있어 최고의 경지를 자랑하게 되었다. 박명필 씨는 이런 좋은 작품을 쓸 수 있었던 게 모두 스승님이 물려주신 붓 덕분이라고 생각했다. 그래서 박명필 씨는 혹여나 잃어버릴까 봐 어딜 가나 그 붓을 몸에 지니고 다녔다. 그러던 중에 붓을 허리에 차고 재래식 변소에서 볼일을 보다가 그만 그 붓을 변소에 빠뜨리고 말았다.

"아이쿠! 이게 무슨 일이람, 이걸 어떡하누!"

하나뿐인 스승님의 유품이기도 하고 좋은 작품을 쓰게 해 준 붓이라 애지중지했었는데 그만 붓을 변소에 빠뜨리다니 박명필 씨의 속상한 마음은 이루 표현할 길이 없었다.

"나, 다시 돌아갈래~!"

눈물을 머금으며 외쳤지만 붓은 이미 화장실 깊숙이 빠져 버렸으니 다시 건져낼 수도 없었다. 그래서 박명필 씨는 눈물을 머금고 새 붓을 사기로 결정했다. 안 그래도 너무 오래 써서 그런지 붓의 숱도 얼마 안 남아 있어서 새로 하나 살까 생각했던 차였다. 붓을 사기 위해 마을로 내려가는 것이 마음에 걸리긴 했지만 이제 와서 서예를 그만둘 수도 없는 처지였기에 마음을 단단히 먹고 마을로 내려갔다.

"어서오세……요."

가게 주인이 들어오는 박명필 씨를 보고 깜짝 놀랐다. 산속에서만 생활을 하던 박명필 씨는 사실 허리까지 내려오는 머리에 덥수룩한 수염까지 기르고 있었기 때문이다. 그래서 그런지 가게에 들어서자마자 사람들의 시선을 한 몸에 받기에 충분했다.

"저기…… 붓을 하나 사고 싶어서 그러는데요."

"어머, 딱 봐도 서예가 포스가 느껴지네요. 전문 서예가세요?"

외모에서부터 속세를 떠나 있는 사람처럼 보였기 때문인지 가게 주인은 신기해하면서 박명필 씨에게 관심을 보였다.

"전문 서예가는 아니지만 서예를 하고 있습니다."

"그럼 제가 특별히 제일 좋은 붓을 보여 드릴게요."

가게 주인은 기뻐하며 호들갑스럽게 가게 구석으로 들어가 보자기로 싸여 있는 큰 물건을 가져왔다.

"특별히 손님에게는 좋은 거 보여 드릴게요."

보자기를 풀어 보니 큰 물병 안에 붓이 들어 있었다.

"이건 저희가 특별히 가져온 명품 붓인데 아무에게나 드릴 수 없어서 보관하고 있었던 거예요."

"이게 제일 좋은 붓입니까?"

비록 스승님의 붓을 따라갈 붓은 없었지만 그래도 그중 제일 좋은 것이 스승님의 붓과 비슷할 거라는 생각이 들었다. 제일 좋은 붓이라는 소리에 물속에 있는 붓을 자세히 들여다보았다. 그런데 웬일인가! 붓털이 모여 있지 않고 이리저리 퍼져 있는 게 아닌가. 붓을 보면서 예전에 스승님께서 해 주신 말씀이 떠올랐다.

"자고로 이 붓 끝은 내 수염처럼 딱 모여 있어야 하는 법이야."

분명 스승님이 말씀해 주신 좋은 붓과 명품 붓은 모양부터 달랐기 때문에 박명필 씨는 의심이 들기 시작했다.

"이건 좋은 붓이 아니잖아요."

서예를 하는 붓으로 사기를 치고 있다고 생각한 박명필 씨는 매우 화가 난 듯 가게 주인에게 따졌다.

"아니에요. 이거 정말 명품 붓이에요."

"보기보다 정말 나쁘시군요. 서예가에게 붓으로 사기를 치려고 하다니!"

"사기 아니에요. 진짜 명품 붓 맞다고요."

가게 주인은 답답한지 품질 보증서까지 보여 주며 진짜 명품 붓이라고 말했다.

"당신은 정말 나쁜 상인이에요."

크게 화가 난 박명필 씨는 더 이상 다른 사람이 같은 사기를 당하지 않도록 붓 가게 주인을 물리법정에 고소했다.

붓을 물속에 담가 두면 붓털은 특별한 힘을 받지 않으므로
흩어져 있다가 물속에서 꺼내면 털에 묻어 있던 물의
표면장력에 의해 털이 달라붙게 됩니다.

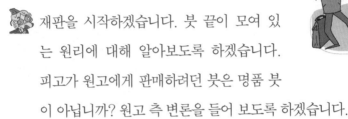

여기는 **물리법정**

붓 끝이 모여 있을 수 있는 원리는 뭘까요?
물리법정에서 알아봅시다.

재판을 시작하겠습니다. 붓 끝이 모여 있
는 원리에 대해 알아보도록 하겠습니다.
피고가 원고에게 판매하려던 붓은 명품 붓
이 아닙니까? 원고 측 변론을 들어 보도록 하겠습니다.

원고는 전문가와 다름없을 정도로 서예에 대해 잘 알고 있습
니다. 원고의 스승 또한 서예와 붓에 대해 깊은 애정을 갖고
계신 분이셨습니다. 원고의 스승님께서는 자고로 끝이 모여
있어야 명품 붓이라고 말씀하셨습니다.

단지 그것만으로 원고의 스승님의 말씀이 옳다고 판단할 수
는 없습니다.

원고의 스승님은 확실하지 않은 것은 입 밖으로 내뱉는 것조
차 꺼려하시는 분이셨기 때문에 스승님의 말씀은 틀릴 리가
없습니다. 스승님의 붓은 스승님을 거쳐 원고에게까지 물려져
서 그동안 아주 훌륭하게 제 구실을 해 주었습니다. 그것만 보
아도 스승님의 말씀이 옳다는 것이 입증된 것입니다.

그 말씀이 옳다면 병 속의 붓은 붓 끝이 흩어져 있으므로 좋지
않은 붓이군요. 그런데 피고 측은 아주 훌륭하고 귀한 붓이라

고 하는데 누구의 말이 옳은 건지 확신이 가지 않는군요. 피고 측의 변론을 들어 보도록 하겠습니다.

 원고의 말이 옳은 말인지 틀린 말인지는 중요하지 않습니다.

 그것이 무슨 말씀인가요?

 붓 끝이 모여 있는 것이 좋은 붓인지 나쁜 붓인지와 관계없이 물속에 있는 붓은 끝이 모일 수 없습니다.

 그렇다면 물속에 있는 붓 끝이 모여 있는 경우는 찾을 수 없다는 거군요. 그 이유는 무엇인가요?

 물속에 있는 붓과 물 밖에 있는 붓 끝의 모양이 어떻게 다르며 다를 수밖에 없는 이유에 대해 증인으로부터 말씀을 들어 보도록 하겠습니다. 서예협회의 한글씨 님을 증인으로 요청합니다.

 증인 요청을 받아들이겠습니다.

한복을 곱게 차려입고 머리를 예쁘게 뒤로 넘긴 50대 중반의 여성이 얼굴에 옅은 미소를 띠고 증인석에 앉았다.

 서예를 하셔서 그런지 편안한 인상을 가지셨습니다.

 감사합니다. 칭찬으로 받아들이겠습니다.

 증인은 오랫동안 서예를 하신 분으로서 어떤 붓이 명품 붓인가를 판단할 수 있겠지요?

물론입니다. 붓을 보면 그 가치를 알 수 있습니다.

 붓 끝이 모여 있는 붓이 가치가 높다고 하는데 물병 안에 보관되어 있는 피고의 붓은 끝이 흩어져 있습니다. 그렇다면 피고의 붓은 좋은 붓이 아닌가요?

 붓이 물속에 담겨져 있는 경우라면 붓 끝을 보고 좋은 붓인지 아닌지를 판단할 수 없습니다.

 그 이유는 무엇인가요?

 붓을 물속에 담가 두면 물 분자들의 인력이 사방으로 작용하여 서로 평형을 이룹니다. 따라서 붓털은 특별한 힘을 받지 않으므로 모두 흩어져 있습니다. 하지만 물속에서 꺼낸 붓은 털에 묻어 있던 물의 표면장력에 의해 털이 달라붙게 됩니다. 표면장력이 생기는 것은 액체의 분자 간 인력의 균형이 액면 부근에서 깨지고, 액면 부근의 분자가 액체 속의 분자보다 위치에너지가 크고, 이 때문에 액체가 전체로서 표면적에 비례한 에너지를 가지기 때문이며, 이것을 될 수 있는 대로 작게 하려고 하는 작용이 표면장력으로 나타납니다.

 붓털이 물속에선 절대로 붙을 수 없는 게 정상인데 원고가 물속에 담긴 피고의 붓을 보고 끝이 흩어졌기 때문에 명품 붓이 아니라고 말한 것은 잘못된 것이군요.

 그렇습니다. 붓을 물속에서 꺼낸다면 자연스럽게 물의 표면장력에 의해 털이 모두 모일 것입니다.

자신이 가진 붓이 명품이라고 말한 피고에게는 잘못이 없습니다. 원고는 확실한 증거도 없이 피고에게 거짓으로 붓을 판매하려 한다는 누명을 씌울 뻔했습니다. 원고는 자신의 오해로 피고가 받은 정신적 충격에 대한 피해 보상을 해야 할 것입니다.

피고의 붓이 단순히 붓 끝이 모여 있지 않았다는 이유로 명품이 아니라고 판단한 원고는 자신의 잘못을 인정해야 합니다. 원고의 오해로 인해 피고가 정신적 충격을 받은 것도 인정됩니다. 원고는 피고에게 사과를 해야 하며 앞으로 다른 사람을 쉽게 오해하는 행동은 삼가야 할 것입니다. 이상으로 재판을 마치도록 하겠습니다.

재판이 끝난 후 박명필 씨는 붓 가게 주인에게 제대로 알지 못했다며 미안하다고 사과했다. 그 후 박명필 씨는 가게 주인이 권한 붓으로 열심히 서예를 했고, 자신에게 딱 맞는 그 붓을 평생 사용하기로 했다. 훗날 스승이 그랬듯 자신이 가장 아끼는 제자에게 이 붓을 남기겠다고 생각했다.

 유체

유체는 흐르는 물질이라는 뜻으로 기체와 액체의 총칭이다. 물체는 보통 고체·액체·기체의 세 가지로 분류한다. 그중 액체와 기체는 쉽게 변형되는 성질을 공유하기 때문에 운동 방식도 비슷한데 이 때문에 액체와 기체를 합쳐서 유체라고 부른다.

신비로운 액체

저절로 움직이는 액체가 있을까요?

"사이비교의 어린양들이여! 나는 머나먼 별 외계에
서 왔습니다. 나의 놀라운 능력으로 여러분들을 치
유할 수 있습니다."

"믿습니다!"

수많은 사람들이 일제히 그 앞에서 머리를 숙였다. 사이비 씨는
화려한 복장으로 사람들 앞에 서서 두 팔을 벌리고 하늘을 바라보
았다.

"나를 믿습니까?"

"예!"

"그렇다면 여러분들의 모든 아픔과 고통은 내가 없애 드리겠습니다."

최근 들어 부쩍 사이비 씨를 맹목적으로 믿는 사람들이 늘어나고 있었다. 실제로 그로 인해서 병이 완치가 되었다는 사람들까지 나타나고 있어 이제는 단순한 종교가 아닌 사회 문제로 대두되었다.

"여러분, 안녕하십니까? 추적 60분 토론에 송석이입니다. 혹시 여러분들께서는 사이비교를 아십니까? 오늘은 이 사이비교에 대해서 알아보도록 하겠습니다. 먼저 그 현장에 직접 잠입하여 취재 중인 주 기자, 나와 주세요."

어두운 숲 사이에서 주 기자가 조심스럽게 입을 열었다.

"제가 지금 나와 있는 이곳은 사이비교 집회 장소의 뒤뜰입니다. 사이비교의 교주인 사이비 씨는 자신이 외계에서 온 사람이며 자신을 믿으면 어떤 병이라도 다 고칠 수 있다는 말로 사람들을 모이게 하는데요. 오늘 제가 이 사이비교의 한 일원으로서 잠입을 해 보도록 하겠습니다."

주 기자는 조심스럽게 집회장으로 들어갔다. 그는 앞자리에 앉아 다른 사람들처럼 고개를 푹 숙이고 있었다. 잠시 후 사이비 씨가 앞으로 나왔다. 파란색의 비단 천을 온몸에 두르고 있었다.

"여러분! 일급 비밀입니다. 제가 오늘 아침 외계로부터 엄청난 소식을 들었습니다."

사람들은 그의 말에 웅성거리기 시작했다. 그러자 그는 두 팔을 벌려 사람들을 진정시켰다.

"바로 우리 과학공화국에 머지않아 큰 재앙이 닥칠 것이라는 소식입니다. 그 재앙은 누구도 막을 수 없는 것입니다."

"세상에!"

"어머나!"

그의 말에 정말 재앙이라도 온 듯이 사람들은 벌벌 떨었다.

"하지만 저 사이비를 믿는 우리의 신도들은 안전할 것입니다. 아주 조금의 고통도 없을 것입니다. 저의 보호 아래에 있으면 되는 것입니다. 믿습니까?"

"믿습니다! 사이비! 사이비!"

"사이비 만세!"

연신 사이비를 외쳐 대며 그에 대한 믿음과 존경을 표했다. 사람들이 잠시 휴식을 취하는 사이에 주 기자가 그곳을 빠져나왔다.

"정말 대단히 심각한 현실입니다. 이제는 사람들에게 '대재앙설'을 퍼뜨리며 혼란을 일으키고 있습니다. 그가 외계인인지 아닌지는 상관없습니다. 다만 순진한 사람들에게 그가 무슨 짓을 하고 있는지는 매우 중요합니다. 그가 외계인인지 아니면 희대의 사기꾼인지 여러분은 어떻게 생각하십니까? 지금까지 현장에서 주 기자였습니다."

스튜디오에서 사회자 송석이 씨가 근심 가득한 얼굴로 마이크를 잡았다.

"사이비교를 믿는 사람들이 해마다 급속도로 늘어나고 있습니다.

그래서 저희 프로그램에서는 이 자리에 사이비 씨를 모셔 봤습니다. 안녕하십니까?"

하얀색 슈트를 입은 사이비 씨는 근엄한 표정을 지으며 앉아 있었다.

"안녕하십니까? 사이비입니다."

"사이비 씨께서는 외계에서 오셨다고 하는데 사실 믿기는 어렵습니다만……."

"사회자 양반! 믿으십시오. 저는 거짓말을 하지 않습니다."

"글쎄요, 그렇다면 외계에서 왔다는 증거가 있습니까?"

"허허! 저를 시험하시는 겁니까? 뭐, 믿음이 부족하면 그럴 수도 있지."

사이비 씨는 자리에서 일어나 무대 밖에서 천으로 덮인 탁자를 가지고 나왔다.

"여러분! 제가 지금 이 자리에서 신비의 액체를 보여 주겠습니다. 이것은 외계에서 가져온 물질입니다. 텔레비전 앞의 시청자들께서도 아주 주의 깊게 보십시오. 잠시 후 엄청난 일이 벌어질 것입니다."

그는 덮여 있던 천을 걷어 냈다. 투명한 플라스틱 컵 하나가 있었다.

"이게 뭐죠?"

사회자 송석이 씨는 의아한 듯 그에게 질문했다. 그는 아무런 대답도 하지 않았고 두 팔을 벌려 컵 위에 올려놓았다.

"자, 지금부터 본격적으로 '신비의 액체 쇼'를 시작합니다."

사이비 씨는 자신의 옷 안주머니에서 까만 통을 꺼내더니 뚜껑을 열었다.

"알라깔라 또깔라미 아리송다리송……."

그는 무슨 주문인 듯 자세히 들리지도 않는 말을 혼자 계속 되풀이했다. 까만 통을 투명한 플라스틱 컵 위에 갖다 놓고는 통을 기울였다. 까만 통 안에 있던 액체가 탁자 위의 플라스틱 컵으로 쏟아졌다. 그리고 잠시 후 정말 희한한 일이 벌어졌다.

"어머!"

"세상에 웬일이야!"

플라스틱 컵에 따라졌던 액체가 저절로 밖으로 흘러나왔다가 다시 컵 안으로 들어갔다. 방청객들은 물론이고 이를 지켜보고 있던 모든 사람들은 경악을 금치 못했다. 사이비 씨는 그 액체를 다시 까만 통에 넣고는 아주 힘이 들었다는 듯이 이마의 땀을 닦았다.

"저…… 정말 신기하다는 말밖에는 할 말이 없습니다."

사회자 송석이 씨도 할 말이 없는 듯 말을 흐렸다. 직접 눈으로 보았기 때문에 속임수라는 의심은 접어야 했다.

"여러분! 다들 보셨습니까? 이것이 굳이 증거라면 증거입니다. 어험!"

사이비 씨의 어깨는 으쓱해졌다. 꿀 먹은 벙어리라도 된 듯 사람들은 아무런 말을 하지 않았고 방송 이후 사이비교의 신도 수는 기하급수적으로 증가하기 시작했다.

"정말 외계에서 온 사람인가 봐!"

"그러게, 지금 생각해도 그 신비의 액체는 너무 놀라워!"

언론과 매체들은 앞 다투어 이번 방송을 알리느라 정신이 없었다.

'진짜 외계의 사람, 사이비'

'사이비 – 그는 누구인가?'

게다가 신비의 액체 쇼 녹화 화면은 인터넷을 통해 빠른 속도로 퍼지기 시작했다. 그러던 중 우연히 웹서핑을 하던 물리학자 나꼼꼼 씨가 화제의 동영상을 클릭하게 되었다.

"이게 뭐지? 신비의 액체 쇼?"

나꼼꼼 씨는 평소 텔레비전을 잘 보지 않는 터라 사이비 씨에 대해서 전혀 모르고 있었다.

"참나! 이게 무슨 신비야? 애들 장난도 아니고~ 무슨 코미디 프로그램인가?"

단순히 UCC 정도로만 생각했던 나꼼꼼 씨는 다음 날 신문을 보았다.

"어라? 이 사람이 사이비교? 외계? 엥? 말도 안 돼."

기사를 읽을수록 정말 가관이었다. 나꼼꼼 씨는 당장 방송국으로 달려갔다.

"이 봐요! 그 사이빈지 뭔지 그 사람이 한 신비의 액체 쇼는 모두 가짜라고요. 아니, 사기라고요."

"네? 무슨 소리입니까? 저희가 직접 봤습니다. 사실 저희도 믿기 어려웠지만 어떠한 조작도 없었습니다."

"참나! 아무튼 그 사람은 사기꾼이니까 다시 사실대로 사람들에게 알리세요."

"그분은 사기꾼이 아닙니다. 정말 외계에서……."

방송국 관계자의 태도에 꼼꼼 씨는 어이가 없었다.

"그분? 어휴! 답답하네, 정말! 그렇다면 그 사이비라는 사람을 내가 직접 물리법정에 고소해야겠군!"

나꼼꼼 씨는 방송국을 나와 곧장 물리법정으로 향했다.

초액체는 아주 낮은 온도의 액체입니다.
헬륨은 영하 269℃에서 액체가 되는데 영하 271℃까지
내려가면 액체 헬륨이 초액체로 변하게 됩니다.

여기는 물리법정

**컵 밖으로 흘렀다가
저절로 다시 들어가는 액체가 있을까요?**
물리법정에서 알아봅시다.

 재판을 시작합니다. 먼저 피고 측 변론하세요.

 이 세상 어떤 액체도 컵 안에 절반만 채웠는

데 밖으로 넘쳐흐르는 그런 액체는 없습니

다. 이 액체는 정말 신비의 액체임이 틀림없어요. 나도 재판

끝나고 사이비교에 가입해야지.

 한심한 사람! 원고 측 변론하세요.

 슈퍼 리퀴드 연구소의 카피차 박사를 증인으로 요청합니다.

 증인 요청을 받아들이겠습니다.

짧게 커트한 노란 머리의 30대 남자가 증인석으로 걸어

들어왔다.

 도대체 이런 액체가 존재합니까?

 물론입니다. 이 액체는 초액체입니다.

 초액체가 뭐죠?

 정상적인 인간의 힘을 넘어선 사람을 초인이라고 하잖아요?

그러니까 정상적인 액체에서는 볼 수 없는 신기한 현상을 보

이는 액체를 초액체라고 하지요.

 어떤 성질이 있죠?

 보통의 액체를 컵에 절반쯤 부으면 액체가 밖으로 넘치지 않습니다. 이것은 바로 점성 때문입니다.

 그럼 초액체를 부으면 어떻게 되죠?

 초액체는 점성이 전혀 없는 액체입니다. 그러니까 초액체를 담으면 저절로 밖으로 나옵니다.

 정말 신기한 일이군요. 어떤 액체가 초액체죠?

 초액체는 아주 낮은 온도의 액체입니다. 헬륨은 영하 269℃에서 액체가 되는데 영하 271℃까지 내려가면 액체 헬륨이 초액체가 되어 이런 괴상한 행동을 보이게 되지요.

 정말 유령 같은 일이군요. 저절로 컵 밖으로 나오는 액체라니 말입니다.

 나도 그렇게 생각하오. 초액체라고 하지 말고 유령 액체라고 부르는 게 낫겠소. 아무튼 신비의 액체는 과학적으로 검증되는 초액체에 불과하다고 판결하겠어요.

 액체 헬륨

초액체는 점성이 없는 액체를 말하는데 초액체의 대표적인 예인 액체 헬륨은 러시아의 물리학자 오네스가 처음 발견했다.

재판이 끝난 후 신비의 액체는 과학적으로 검증할 수 있는 초액체에 불과하다는 사실이 밝혀지자 사람들은 크게 실망했다. 그 후 사이비교의 사람들은 모두 사이비교를 떠났다. 결국 교주 사이비는 사이비교를 없애고 물리학 공부를 하겠다고 마음먹었다.

실체 유체

걸쭉한 수프를 숟가락으로 원을 그리며 잘 저은 다음 숟가락을 치워 봅시다. 수프의 회전이 멈추기 전에 도는 방향이 순간적으로 반대가 되는 것을 볼 수 있을 것입니다. 이 현상은 실체 유체의 중요한 성질을 보여 주는 것인데 어떻게 이런 일이 벌어질까요? 수프의 흐름이 역전되는 현상은 수프가 '점성과 탄성'을 가졌기 때문입니다. 이상적인 유체는 점성이 없지만 실체 유체는 모두 점성을 가지게 됩니다.

수프 젓기를 멈추면 그릇과 접한 층은 그릇과의 마찰 때문에 운동을 멈추게 되죠. 그러나 그릇과 직접 접하지 않은 층은 움직이고 있는 다른 층에 점성과 탄성에 의한 복원력을 가하게 되고 이로 인해 움직이는 층의 운동이 느려지다가 결국 반대 방향으로 운동하게 되는 것입니다.

움츠렸다가 펴지는 운동을 하는 용수철의 운동과 비슷한 진동을 하는 것이지요. 이런 진동은 수프의 점성에 의해 수그러들다가 결국은 운동을 멈추게 됩니다. 만일 풀처럼 점성이 큰 액체라면 겨우 한 번의 역전이 일어날 수 있을 것입니다.

표면장력의 예

구겨진 옷을 강에 던지면 옷은 물 위에서 서서히 펼쳐집니다. 어떻게 구겨진 옷이 물 위에서 저절로 펼쳐질까요? 이것은 표면장력과 관계가 있습니다. 구겨진 옷감을 물에 던지면 옷감이 물을 흡수하기 시작하면서 옷이 젖어 무거워집니다. 그러면 중력이 이 부분을 아래로 끌어당기게 됩니다. 모세관 현상과 중력으로 인해 구겨진 옷감이 펴지게 되는 것입니다. 색깔 있는 화장지를 구겨 물속에 넣으면 이 효과를 생생하게 볼 수 있습니다. 물을 흡수하면서 화장지의 색깔이 어두워지고, 젖은 부분이 물의 표면 아래로 가라앉게 됩니다.

또 다른 예를 들어 볼까요? 컵에 물을 적당히 따른 다음 그 위에 약간의 후춧가루를 뿌립니다. 손가락을 비누에 문지른 다음 후춧가루를 띄운 물에 살짝 담가 봅니다. 그러면 물 위에 떠 있던 후춧가루가 순식간에 사방으로 퍼지는 것을 볼 수 있습니다. 왜 그럴까요?

이유는 물의 표면장력 때문입니다. 물의 표면은 쫙 펼쳐 놓은 고무막 같아서 소금쟁이가 연못 위에서 빠지지 않고 돌아다닐 수 있다는 얘기를 이미 앞에서 한 적이 있습니다. 비누는 물의 표면장력

을 약화시킵니다. 그래서 세제를 물에 타면 부분적으로 물의 표면
장력이 작아집니다. 이것은 고무막에 구멍을 뚫은 것과 같아요. 팽
팽하게 늘인 고무막에 뾰족한 못으로 구멍을 내면 그 구멍이 사방
으로 확대되면서 고무막이 쪼그라들듯이 물도 그렇게 되는데 그 위
에 있던 후춧가루도 함께 움직이게 되는 것입니다.

제2장

모세관 현상과 삼투압에 관한 사건

소금

삼투압

안녕하세요!

여름에는 더 빨리~

300°

계란이 커지다니요?

계란을 식초에 담가 두면
정말 계란의 크기가 커질까요?

과학공화국에서는 '임성운의 퀴즈가 좋아요' 라는 프로그램이 있는데, 이 퀴즈 쇼는 시청률이 아주 높기 때문에 웬만한 사람이 아니고서는 출연하기 힘들었다. 그리고 진행하는 임성운도 요즘 한창 뜨고 있는 아나운서라 그의 인기와 함께 프로그램의 인기도 날로 높아져만 가고 있던 참이었다.

"자, 그럼 다음 도전자를 모셔 보겠습니다."

이번 주에도 많은 시청자가 지켜보고 있는 가운데 '임성운의 퀴즈가 좋아요' 가 시작되었다. 바닥에서 발사되는 연기와 함께 나타난 이번 도전자는 그 명문이라는 서우루 대학에서 물리학과 교수로 있는 나잘나 씨였다.

"안녕하세요? 자기소개 좀 부탁드립니다."

임성운의 앞에 선 나잘나 씨는 임성운을 힐끔 쳐다보더니 다시 카메라를 쳐다보며 자기소개를 했다.

"안녕하십니까? 저는 서우루 대학에 물리학과 교수로 있는 나잘나입니다. 여기에 있는 10단계까지 아~무 문제없어."

자신만만한 말투의 나잘나 씨에게 흠이 하나 있다면 자기 잘난 척이 너무 심하다는 것이다. 자기 직업과 자신의 능력에 큰 자부심을 가지는 바람에 보는 사람마다 자기 자랑을 한껏 뽐내야만 직성이 풀리는지 어딜 가나 자기 잘난 얘기만 꺼내 놓았다. 이번에 '임성운의 퀴즈가 좋아요'에 나오게 된 것도 자신이 똑똑하다는 것을 더 많은 사람들에게 알리고 싶었기 때문이었다. 여기서 10단계 정도야 가뿐하게 넘길 수 있다고 생각한 나잘나 씨는 시작하기 전부터 마지막 10단계를 넘기고 자신이 이번 주 우승컵을 차지하는 모습을 상상하고 있었다.

'나잘나 씨! 정말 짱이야.'

'10단계를 너무 가뿐히 넘겼던걸?'

각양각색의 꽃가루가 날리고 여기저기서 나잘나 씨를 칭찬하는 소리가 벌써부터 나잘나 씨의 귓가에 들리는 것만 같았다. 나잘나 씨가 자기소개를 막 끝내자 노련한 임성운 아나운서가 그의 긴장을 풀어 주기 위해 이런저런 말을 꺼냈다.

"아, 직업이 교수님이시네요. 대단한 분이 도전하시니 이번엔 꼭 우승자가 나타날 것 같은 예감이 듭니다."

"저번에도 우승자가 없었죠? 이럴 때 한 번씩 우승자가 나타나 줘야 하는 거 아니겠어요? 하하하!"

나잘나 씨는 한쪽 입 꼬리가 올라가는 썩은 미소를 지으며 임성운 아나운서에게 여유롭게 대답했다. 예상하지 못한 대답을 들은 임성운은 당황하며 얼른 다음 질문을 했다.

"이 프로그램 자주 보시니깐 여기 나오셨겠지요?"

그러나 그 다음 대답이 임성운을 더 당황스럽게 했다.

"아니요. 이런 거 볼 시간에 책이나 한 권 더 읽지요. 그냥 주위에서 나가 보라고 해서 어떤지 나와 본 거예요."

거만하기 짝이 없는 대답이었다. 임성운은 더 질문했다간 채널이 돌아갈 것만 같아서 바로 문제로 들어갔다.

"자, 그러면 문제 시작하겠습니다."

그때까지도 나잘나 씨는 어서 시작이나 하라는 듯이 건들건들 다리를 떨며 집중하지 않고 여기저기 산만하게 쳐다보고 있었다. 드디어 1번 문제가 나왔다.

"1번 문제. 계란을 식초에 사흘 동안 담가 두면 계란의 크기는 어떻게 될까요? 1번, 크기가 커진다. 2번, 크기가 그대로이다. 3번, 크기가 작아진다."

문제지에 적혀 있는 문제를 읽고 나서 임성운은 나잘나 씨를 쳐다

봤다. 여전히 거만한 자세로 있던 나잘나 씨는 바로 부저를 눌렀다. 임성운은 바로 부저를 누른 나잘나 씨에게 혹시나 틀릴지도 모르니깐 찬스에 대해서 설명을 했다.

"보기 중에 한 개를 지울 수 있는 지우개 찬스와 인터넷으로 검색할 수 있는 인터넷 찬스가 있습니다. 찬스를 사용하지 않으시겠습니까?"

친절하게 찬스의 내용을 설명했지만 나잘나 씨에겐 필요 없는 것처럼 보였다.

"1번 문제부터 찬스 쓰는 사람이 어디 있습니까? 저는 그냥 하겠습니다."

찬스 따위는 쓰지 않겠다는 나잘나 씨의 거만한 말을 들은 임성운은 난감할 따름이었다. 그래서 임성운은 얼른 다음 문제로 넘어가기 위해 나잘나 씨에게 답을 말하라고 했다.

"그럼 대답해 주시죠."

나잘나 씨가 자랑스럽게 대답했다.

"답은 2번입니다."

나잘나 씨는 정답을 확신하고 딩동댕동 소리가 나면서 얼른 다음 문제로 넘어가기를 기다리고 있었다. 하지만 귀에 들리는 것은 '딩동댕동'이 아닌 단순한 '땡' 소리였다. 답이 틀렸다는 것이다. 나잘나 씨는 자신의 귀를 의심했지만 분명 틀렸다는 소리였다. 그래서 나잘나 씨는 사회자인 임성운에게 따지듯 물었다.

"이거 실로폰 치는 사람이 팔이라도 삔 겁니까? 잘못 치셨네요."

하지만 저기 멀리서 피디가 이 문제의 답이 틀렸다며 팔로 큰 엑스 자를 그렸다.

"네, 나잘나 씨! 1번 문제를 틀리셔서 안타깝게도 탈락하셨습니다. 정답은 1번입니다."

피디의 몸동작을 알아들은 임성운은 아쉽다는 목소리로 나잘나 씨에게 탈락을 알렸다. 하지만 나잘나 씨는 결과에 동의할 수 없다는 표정으로 다시 따졌다.

"답은 2번이 맞아요."

"아닙니다. 답은 1번입니다."

임성운은 문제지를 직접 보여 주며 답을 보여 주었다. 정말 문제지에는 1번이 답이라고 적혀 있었다. 하지만 거기서 나잘나 씨가 순순히 물러설 사람이 아니었다.

"계란은 단단해서 절대 모양이 안 변해요."

나잘나 씨가 자신의 의지를 굽힐 줄 모른 채 계속 주장했지만 방송국 측에서는 받아 주질 않았다. 이 퀴즈 쇼가 전국적으로 방송될 텐데 당장 1번부터 탈락했다는 것이 방송되면 나잘나 씨에게는 큰일이었다. 전국의 모든 사람들이 나잘나 씨가 무식하다고 생각하게 될 것이고 또 그 사실이 나잘나 씨의 잘난 척에 큰 치명타가 될 것이기 때문이다. 그래서 나잘나 씨는 문제의 답이 정확하게 무엇인지 꼭 밝혀내겠다며 물리법정에 방송국을 고소했다.

계란의 내부는 농도가 높고 바깥의 식초 물은 농도가 낮기 때문에 반투막을 통해 바깥의 물이 계란 안으로 들어가 계란이 부풀면서 1.5배 정도 커지게 됩니다.

식초에 계란을 담가 두면 크기가 변할까요?
물리법정에서 알아봅시다.

 재판을 시작합니다. 먼저 원고 측 변론하
세요.

 계란은 단단한 껍질로 둘러싸여 있습니다.
그런데 계란을 식초에 담갔다고 해서 크기가 달라진다는 것은
말이 안 됩니다. 최근에 방송국 퀴즈 프로그램의 과학 문제에
오답 사례가 늘고 있는데 이번 사건을 통해 방송국이 퀴즈 정
답에 신중을 더 기했으면 좋겠습니다.

 피고 측 변론하세요.

 삼투압 연구에 평생을 바친 반통해 박사를 증인으로 요청합
니다.

다른 사람들보다 얼굴이 유난히 작은 50대의 남자가
증인석에 앉았다.

 증인은 삼투압 연구를 오랫동안 했지요?

 그렇습니다.

 본론으로 들어가 계란을 식초에 담그면 크기가 달라지나요?

 네, 크기가 커집니다.

 그 이유는 뭐죠?

 일단 계란 껍질을 식초에 담그면 계란의 단단한 겉껍질이 녹아 버리고 얇은 막이 나타납니다. 이 막은 반투막이기 때문에 이 막을 통해 수분이 계란 속으로 들어가 계란의 크기가 커지는 것입니다.

 왜 계란 속으로 수분이 들어가죠?

 두 액체가 반투막을 경계로 서로 농도가 다르면 두 부분의 농도가 같아지도록 물이 이동합니다. 계란의 경우 내부는 걸쭉하여 농도가 높고 바깥의 식초 물은 농도가 작기 때문에 반투막을 통해 바깥의 물이 계란 안으로 들어가 계란이 부풀면서 계란의 크기가 1.5배 정도로 커지게 됩니다.

 그렇군요. 그렇다면 방송국의 정답에는 문제가 없었네요. 그렇죠? 판사님!

 동감합니다. 나잘나 씨는 자신이 정말 잘났다고 생각하는데 이번 사건을 계기로 자신의 무지에 대한 반성과 겸손을 배울 필요가 있다고 생각합니다. 그래서 나잘나 씨에게 인성과 과학을 동시에 배울 수 있는 인성과학 체험 학교에 일주일간 입소할 것을 판결합니다.

재판 후 나잘나 씨는 인성과학 체험 학교에서 살아 있는 과학을 배우고 착한 성품이 되는 방법을 배웠다. 체험 학교 과정을 마친 후 나잘나 씨는 더 이상 과거의 나잘나 씨가 아니었다. 과학을 정말로 사랑하고 자신의 과학을 알기 쉽게 어린이들에게 가르쳐 주는 사람이 되었기 때문이다.

 **계란 껍질**

계란 껍질은 주로 탄산칼슘 성분으로 되어 있는데 이것을 식초에 담그면 식초의 주성분인 아세트산과 탄산칼슘이 반응하면서 탄산칼슘이 녹아 버리면서 이산화탄소가 발생한다.

쭈글쭈글 손 모델

왜 목욕탕에 오래 있으면
손이 쭈글쭈글해질까요?

평소 영화배우 나유명 씨를 좋아해 팬클럽까지 가입
한 유명좋아 양이 있었다. 어떻게 하면 나유명 씨를
실제로 볼 수 있을까 항상 고민하던 유명좋아 양은

우연히 신문에서 손 모델을 구하는 광고를 보았다.

주위에서 손이 예쁘다는 소리를 자주 들어 보셨다고요? 그렇다면
지금 당장 전화 주세요. 영화배우 나유명 씨와 함께 화장품 광고를
찍을 손 모델을 찾고 있습니다. 나유명 씨의 얼굴을 만질 수 있는 절
호의 기회!

예전부터 얼굴보다는 손이 예쁘다는 소리를 자주 들은 유명좋아 양이었다. 그래서 이 기회에 나유명 씨와 함께 광고를 찍을 수 있다는 기대감에 부풀게 되었고 결국 손 모델에 지원하기로 했다. 그때 친구 나깨끗 양에게서 전화가 왔다.

"내일 혹시 목욕 가지 않을래?"

평소 유명좋아 양은 명절 때 아니면 잘 씻지 않는 사람으로 알려져 있었다. 나깨끗 양도 그걸 알고 혹시나 해서 전화를 해 본 것이었다.

"그래, 가자."

"웬일이야? 네가 목욕탕에 다 간다고 하고!"

"마침 내일 중요한 일이 있어서 잘 보이려면 때 좀 벗기고 가야겠어."

이렇게 해서 다음 날 유명좋아 양은 나깨끗 양과 함께 목욕탕에 갔다. 저번 설날이 지나고 처음으로 목욕탕에 온 유명좋아 양은 때를 벗기기 위해 뜨거운 탕 속에서 탕욕을 했다. 그러고 나서 나깨끗 양과 함께 때를 밀었다.

"어머, 어쩜 네 등에는 국수가 나온다니?"

유명좋아 양의 등을 밀어 주던 나깨끗 양이 놀라면서 말했다.

"뭐 그 정도 가지고 그러니? 작년 추석 지나고 갔을 때보다는 나아."

무덤덤하게 대답하며 유명좋아 양도 열심히 때를 밀었다. 워낙 오랜만에 온 터라 유명좋아 양은 나깨끗 양보다 훨씬 오래 목욕을 해야 했고 목욕을 다 하고 난 후에는 걸을 힘조차 남아 있지 않은 것 같았다. 유명좋아 양은 목욕탕에서 힘을 다 빼고 와서인지 집에 오자마자 잠이 들었다. 그리고 시간이 흘렀다.

"다 큰 애가 웬 낮잠이야?"

시장에 다녀온 유명좋아 양의 어머니가 엉덩이를 찰싹 때리며 낮잠을 자던 유명좋아 양을 깨웠다. 벌떡 일어나서 시계를 보니 4시 50분. 5시인 손 모델 오디션에 늦을 수도 있는 상황이었다. 시계를 보고 정신이 든 유명좋아 양은 오디션에 늦지 않기 위해 목욕탕을 다녀온 그대로의 차림으로 오디션장에 갔다. 다행히 가까스로 시간에 맞춰 오디션장에 도착할 수 있었다.

"마지막 후보, 유명좋아 님! 들어오세요."

면접장 안에서 유명좋아 양의 이름이 불렸다. 유명좋아 양은 두근 거리는 마음을 잡고서 면접장에 들어갔다.

"아니, 이분은!"

그 잘생기고 멋있는 영화배우 나유명 씨가 심사위원석에 앉아 있었던 것이다. 유명좋아 양은 그 순간에도 좀 더 꾸미고 오지 못한 게 아쉬웠지만 그래도 나유명 씨를 실제로 볼 수 있다는 것에 기뻐하고 있었다.

"우선 지원해 주셔서 감사합니다. 그럼 손을 보여 주실까요?"

심사위원 중 한 명이 넋을 놓고 나유명 씨를 보고 있는 유명좋아 양에게 말했다. 유명좋아 양은 그제야 정신을 차리고 앞으로 손을 내밀었다. 그런데 나유명 씨가 손을 이리저리 살펴보다가 안타깝다는 듯이 말했다.

"이렇게 쭈글쭈글한 손은 광고에 나갈 수가 없겠는데요."

"네?"

그제야 유명좋아 양은 의아하다는 듯이 자신의 손을 보았다. 이게 웬일! 손바닥 전체가 쭈글쭈글해져 있다.

"이 상태로는 광고에 쓸 수 없습니다. 탈락입니다."

유명좋아 양은 나유명 씨 앞에 쭈글쭈글한 손을 보여 주었다는 게 창피해서 얼른 손을 집어넣고 속상해하며 면접장을 나왔다. 이 모든 것이 목욕탕을 다녀와서 생긴 일이라고 생각한 유명좋아 양은 얼른 나깨끗 양에게 전화를 걸었다.

"너 때문에 손 모델 오디션에 떨어지고 나유명 씨 앞에서 망신만 당했어."

그러자 나깨끗 양이 어처구니없다는 듯이 대답했다.

"그래도 목욕탕을 가겠다고 한 건 너야."

나깨끗 양이 사과의 말은커녕 자기 잘못이 아니라고 우기자 결국 유명좋아 양은 물리법정에 판결을 의뢰했다.

피부의 표피 중 각질층은 죽은 세포입니다. 오랜 시간 동안 목욕탕 속에 들어가 있으면 각질층이 물을 흡수하여 불기 때문에 손이 쭈글쭈글해집니다.

여기는 물리법정

목욕탕에서 손이 쭈글쭈글하게
되는 이유는 무엇일까요?
물리법정에서 알아봅시다.

 재판을 시작하겠습니다. 목욕탕에서 원고
의 손이 쭈글쭈글하게 된 것이 누구의 책
임인지 밝혀 보도록 합시다. 피고 측 변론
하십시오.

 원고는 씻는 것을 무척 싫어하는 성격으로 목욕탕에도 거의
가지 않는다고 합니다. 친구인 원고가 깨끗하기를 바라는 마
음을 가지고 있던 피고는 원고의 이런 습성을 알고 있었기에
원고가 혼자서는 절대 씻지 않을 것이라는 생각에 일부러 전
화를 해서 함께 가자고 한 것입니다. 그리고 원고는 피고의 제
안에 기분 좋게 응했습니다. 친구의 호의와 본인의 의지로 목
욕탕을 갔음에도 불구하고 이렇게 피고의 책임으로 넘기다니
황당하군요. 게다가 손 모델을 할 만큼 손이 예쁘지 않았을 수
도 있잖습니까?

 목욕탕을 가게 된 원인을 제공한 것은 사실이군요. 그런데 목
욕탕에서 손이 쭈글쭈글해진 이유는 무엇인가요?

 솔직히 그것도 이해가 안 됩니다. 목욕탕에서 손이 쭈글쭈글
하게 된 것을 어떻게 확신합니까? 피고가 오디션을 받는 날

물을 많이 먹었거나 오디션을 받는다는 부담감으로 컨디션이 좋지 않아 손이 스트레스를 받았는지도 알 수 없지요.

그렇다면 원고의 손이 쭈글쭈글하게 된 원인을 일단 찾아야겠군요. 고소를 한 원고 측은 원고의 손이 쭈글쭈글하게 된 원인이 목욕탕에 갔기 때문이라는 것을 밝힐 증거가 있습니까?

목욕탕에는 수분이 많습니다. 목욕탕에 수분이 많은 만큼 수분이 사람의 몸속으로 들어올 확률도 많습니다.

수분이 어떻게 몸 안으로 들어올 수 있습니까?

목욕탕에서 물과 사람의 몸이 만났을 때 일어나는 현상에 대해 설명하기 위해 증인을 요청하겠습니다. 증인은 수분과학연구소의 한촉촉 연구팀장님입니다.

증인 요청을 받아들이겠습니다.

머리를 감고 말리지 않아 금방이라도 물이 뚝뚝 떨어질 것 같은 50대 초반의 남성이 퉁퉁 불어나고 쭈글쭈글한 손으로 머리를 감싸며 증인석에 앉았다.

목욕탕에 들어가면 손이 쭈글쭈글해집니까?

얼마나 오래 목욕을 하는가에 따라 달라집니다. 샤워 정도만 한다면 손바닥이나 몸에 전혀 변화가 일어나지 않습니다. 하지만 탕 속에 지나치게 오랜 시간 동안 들어가 있으면 손바닥이나 발바닥에 주름이 생기면서 불게 됩니다.

 물속에서 손바닥이나 발바닥이 주름이 생기면서 불어나는 이유는 무엇인가요?

 피부의 큰 역할은 세균이나 외부로부터의 자극이 몸 내부에 직접 접촉하지 않게 하는 것입니다. 피부의 표면을 '표피'라 부르는데 표피는 가장 바깥쪽으로부터 순서대로 각질층, 담병층, 과립층, 가시층, 기저층의 5개 층으로 이루어져 있습니다. 이 가운데 각질층은 이미 죽은 세포로 이루어져 있습니다. 오랜 시간 동안 목욕탕 속에 들어가 있으면 각질층이 물을 흡수하여 불기 때문에 쭈글쭈글해집니다.

 각질층으로 물이 흡수되는 이유는 무엇입니까?

 농도 차이 때문에 생기는 삼투압 현상입니다. 물질들은 농도가 높은 곳에서 농도가 낮은 곳으로 이동하여 농도 차이를 줄이려는 경향이 있습니다. 이러한 현상이 확산인데 확산 현상이 반투막을 사이에 두고 일어나는 것을 삼투 현상이라고 합니다. 삼투 현상은 생물의 세포막이 지닌 중요한 성질 중의 하나로서 농도가 낮은 쪽의 용매, 즉 물이 농도가 높은 쪽으로 이동하여 양쪽의 농도를 같게 하려는 현상이지요. 김치를 담글 때나 오이지를 담글 때 소금에 절이는 것도 삼투 원리를 이용한 것입니다.

 다른 부위의 피부는 손바닥이나 발바닥에 비해 거의 주름이

생기지 않는데 그 이유는 무엇입니까?

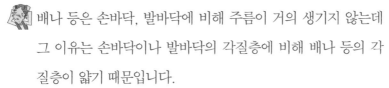 배나 등은 손바닥, 발바닥에 비해 주름이 거의 생기지 않는데 그 이유는 손바닥이나 발바닥의 각질층에 비해 배나 등의 각질층이 얇기 때문입니다.

목욕탕을 다녀와서 어느 정도 있으면 손바닥과 발바닥의 주름이 원래 상태로 돌아오는 것을 확인할 수 있습니다. 몸속에 들어간 수분이 어떻게 되나요?

탕 안에서 나와 일정 시간이 지나면 쭈글쭈글한 것이 없어지는 것은 각질층에 침투한 수분이 증발하기 때문입니다.

원고의 손바닥이 쭈글쭈글하게 된 원인은 분명 목욕탕에서 수분이 몸속으로 들어왔기 때문인 것이 밝혀졌습니다. 따라서 피고는 원고가 손 모델 오디션에서 떨어진 것에 대한 피해 보상을 해야 할 것입니다.

원고의 손바닥이 쭈글쭈글하게 된 원인은 목욕탕에 갔기 때문이라고 판단됩니다. 하지만 목욕탕에 갔다는 것만으로 원고가 오디션에 떨어진 것이 모두 피고의 책임이라고 볼 수는 없습니다. 원고는 평소에 몸을 깨끗이 씻지 않았고 목욕탕에 가자는 피고의 제안을 받아들이고 목욕탕에 간 것으로 보아 원고는 오디션을 위해 몸을 깨끗이 하려는 생각을 하고 있었던 것으로 보입니다. 그리고 적당한 시간 동안 목욕을 했다면 손이 쭈글쭈글하게 되지 않았을 것입니다. 원고가 오디션에 떨어진 것은 양측이 모두 책임을 져야 할 상황입니다. 원고에게 모델 기회는 또 올 수 있습니다. 피고가 원고를 생각해서 한 제안이므로 원고는 피고의 책임을 묻기 전에 친구에게 고마운 마음을 더 가지는 것이 좋을 것입니다. 친구의 소중함을 안다면 원고에게 앞으로 더 좋은 일이 있을 것입니다. 이상으로 재판을 마치도록 하겠습니다.

재판이 끝난 후 무턱대고 화를 낸 것에 대해 유명좋아 양은 친구에게 사과를 했다. 유명좋아 양은 아쉽지만 손 모델이 되지 못한 것은 잊기로 했다. 그 대신 며칠 후 나유명 씨와의 샴푸 광고를 위한 머리카락 모델을 모집한다는 말에 유명좋아 양은 다시 한 번 모델에 도전했고, 이번에는 평소 머리를 잘 감지 않아 윤기 가득한 머리 덕에 머리카락 모델로 뽑히게 되었다. 드디어 나유명 씨와 만날 수 있게 된 유명좋아 양은 광고를 찍는 날까지 외모 관리에 만전을 기했다.

 반투막

용액은 용질과 용매로 이루어져 있는데 그중 용매만을 투과시키고 용질은 투과시키지 않는 막을 반투막이라고 한다. 방광막, 세포막, 셀로판지 등이 반투막이다.

성냥개비 다섯 개로 별 만들기

모세관 현상을 이용해
성냥개비로 별 모양을 만들 수 있을까요?

과학공화국에서는 과학을 잘하기로는 둘째가라면

서러울 만큼 내로라하는 학생들이 출전하는 '에디슨

과학 실험 경시대회'가 있었다. 전국에서 많은 학생

들이 예선을 거치고 많은 경쟁률을 넘어야만 본선에 진출해서 문제

를 풀 수 있었다. 이것은 1천만 달란이라는 1등 상금 때문일 수도

있지만 과학공화국에서 제일 알아주는 과학 실험 경시대회였기 때

문에 본선에 진출한다는 것만 해도 동네에서 자랑이 될 정도였다.

이번 에디슨 과학 실험 경시대회에서도 전국에서 손꼽히는 과학 인

재들이 다 모였다. 학교별로 팀으로 진출해서 토너먼트 식으로 결승

까지 올라가는 방식인데 대회가 시작하기 전부터 치열한 대회가 예상된다는 소문이 퍼질 정도로 이번 대회에는 모두 대단한 팀들이 모였다. 대회가 시작되고 두 시간에 걸친 본선 대결 끝에 결승에 최고 고등학교 팀과 막강 고등학교 팀이 올라갔다. 서로 우승을 다짐하며 마지막 문제를 기다리고 있었다. 마지막 문제가 우승을 결정짓는 것인지라 결승 진출자 팀도 대회를 구경하는 사람들도 모두 숨을 죽이고 문제가 발표되기를 기다리고 있었다.

"자, 그러면 마지막 문제를 내기 전에 각 팀의 구호를 들어 볼까요?"

사회자는 결승 진출 팀의 긴장을 풀어 주기 위해서 구호를 듣기로 했다.

"최고 고등학교 팀이 나가신다, 길을 비켜라! 으샤!"

최고 고등학교 팀의 목소리가 크자 막강 고등학교 팀도 이에 질세라 더 큰 목소리로 구호를 외쳤다.

"이기자! 이기자! 막강 고등학교! 아자아자 파이팅!"

모두 씩씩한 목소리로 우승을 기원하며 온 힘을 다해 구호를 외쳤고 구경하는 사람들의 박수 소리가 터져 나왔다. 구호가 끝나자 다시 마지막 문제를 기다리는 정적이 흘렀다.

"자, 그러면 마지막 문제를 내겠습니다. 먼저 문제를 푸신 팀이 먼저 학교 이름을 외쳐 주시면 되겠습니다. 제한 시간은 30분 드리겠습니다."

사회자가 정적을 깨며 마지막 문제를 알렸다.

"성냥개비 다섯 개로 별 모양을 만들어 주세요."

각 팀 앞에 성냥개비 다섯 개가 주어졌고 각자 팀들은 처음 성냥개비를 받아들고 난감한 표정을 지으면서 우선 닥치는 대로 이리저리 성냥개비를 맞춰 보고 대 보았다. 그러나 결승 문제답게 생각처럼 쉽게 풀리지는 않았다. 그때 최고 고등학교 팀에서 질문을 했다.

"성냥개비를 부러뜨리는 것도 안 됩니까?"

여간해서 안 되겠는지 최고 고등학교 팀은 절박하게 물었다. 구경하는 사람들 사이에서 조금씩 웃음소리가 나왔다.

"그건 안 됩니다."

단호한 사회자의 말에 다시 대회장은 침묵으로 고요했다. 10분이 흐르고 20분이 흘렀지만 두 팀 모두 학교 이름을 외치지 못했다.

잠시 후 막강 고등학교 팀이 학교 이름을 외쳤다.

"막강 고등학교!"

구경하는 사람들 사이에서 환호성이 터져 나오고 최고 고등학교 팀이 낙담한 표정으로 결과를 기다리면서 사회자가 답을 확인하는 모습을 지켜봤다. 하지만 사회자는 어처구니가 없다는 표정으로 막강 고등학교 팀에게 말했다.

"이건 별 모양이 아니잖습니까!"

정답이 아니라는 소리에 여기저기서 긴장이 풀린 웃음소리가 터져 나왔다. 별과 비슷했지만 정확한 별 모양이 아니었다.

"이 정도면 별 아닌가? 이것 가지고 어떻게 별 모양을 만들어?"

문제가 안 풀리자 답답한 막강 고등학교 팀이 불평을 늘어놓았다. 그리고 주어진 시간이 거의 다 되어 갔다. 하지만 제한 시간 1분을 남겨둘 때까지 역시 어느 팀도 문제를 풀지 못했다.

"이거 너무 어렵잖아."

"아무리 해도 모양이 만들어지지 않아."

"이거 답은 있는 거야?"

여기저기에서 한숨 섞인 말만 나올 뿐이었고 구경하는 사람들도 초조한지 발을 동동 구르는 소리만 낼 뿐이었다. 그때 벽에 걸린 전자시계가 정확히 30분을 그렸다. '띠~!' 하는 제한 시간을 알리는 소리가 났다.

"제한 시간 모두 끝났습니다."

사회자가 안타깝다는 듯이 말했고 여기저기서 한숨과 야유가 나왔다.

"두 팀 모두 풀지 못하신 겁니까?"

최고 고등학교 팀과 막강 고등학교 팀을 번갈아 보면서 사회자가 다시 한 번 물었다. 두 팀 모두 고개를 들지 못하고 아쉬워하며 성냥개비만 만지작거렸다.

"그럼 어쩔 수 없습니다. 이번 에디슨 과학 실험 경시대회에서는 우승팀이 없는 것으로 하겠습니다."

사회자는 우승팀이 없는 것으로 마무리를 하며 대회를 끝내려 했다. 그때 최고 고등학교 팀에서 주장을 맡은 너무해 양이 사회자를 향해서 말했다.

"이번 문제는 처음부터 불가능한 것이었습니다."

너무해 양이 벌떡 일어나 갑자기 큰소리로 말하는 바람에 옆에 앉아 있던 다른 학생이 놀라 의자에서 바닥으로 엉덩방아를 '쿵' 하고 찧었다.

"이 문제는 누구도 풀 수 없었던 원래 답이 없는 문제입니다."

너무해 양이 더 큰소리로 말하자 옆에 있던 학생들과 상대편인 막강 고등학교 팀에서도 반발의 목소리가 나왔다.

"맞습니다. 이 문제는 잘못된 것 같습니다."

풀이 죽었던 팀원들로 조용했던 대회장이 금세 소란스러워졌고 여기저기서 야유와 반발의 목소리가 커져 갔다. 사회자는 당황해서 큰소리로 아이들을 조용히 시켰다.

"도대체 왜 저희가 답이 없는 문제를 내겠습니까?"

반발하던 목소리가 차츰 줄어들 때쯤 어디선가 다시 큰소리가 들렸다.

"상금을 안 주려는 속셈 아닙니까?"

1천만 달란이라는 상금은 큰 금액이었다. 그래서 그 상금을 주지 않으려고 아예 답이 없는 문제를 출제했다는 의심이 든 것이었다.

"맞아요! 작년에도 답이 없는 문제가 나온 걸로 아는데요!"

이번에는 막강 고등학교 팀원 중 한 명인 동의해 군이 큰소리로 사회자에게 얘기했다. 점점 몰리는 느낌을 받은 사회자는 학생들을 진정시키며 그럴 의도는 없었다고 말했다. 하지만 학생들은 쉽사리 진정되지 않았고 그럴수록 아이들의 반박은 거세졌다. 분명 상금을 안 주려는 사기라고 생각하는 결승 진출 팀인 두 학교 팀원들이 대회 주최 측을 물리법정에 고소했다.

모세관 현상이란 액체 속에 폭이 좁고 긴 관을
넣었을 때 관 내부의 액체 표면이 외부의 표면보다
높거나 낮아지는 현상을 말합니다.

성냥개비 다섯 개로 별 모양을
만드는 것은 정말 불가능할까요?
물리법정에서 알아봅시다.

재판을 시작하겠습니다. 퀴즈의 정답이 있
는지 없는지에 대해 의견이 분분하군요.
어떤 문제이기에 이렇게 어려워하는 건가
요? 원고 측 변론을 들어 보도록 하겠습니다.

성냥개비 다섯 개로 별 모양을 만들라는 퀴즈 문제에 참가한
학생 모두가 해답을 찾지 못했습니다. 이것은 학생들이 답을
못 푼 것이 아니라 답이 없는 문제입니다. 학생들은 모두들 불
가능한 게임에 넋이 나간 상태입니다.

허허! 재미있는 문제군요. 성냥개비로 별 모양을 만들 수 없
습니까?

판사님은 재미있는 문제라고 생각하실지 몰라도 문제를 풀지
못한 학생들은 답이 없는 문제에 한참을 머리 아프게 고민한
것을 생각하며 황당해하고 있습니다.

정말 불가능한지는 아직 모르는 것 아닌가요? 해답이 있는지
피고 측의 변론을 들어 보도록 하겠습니다. 성냥개비 다섯 개
로 별 모양을 만들 수 있습니까?

에디슨 과학 실험 경시대회는 말 그대로 과학적인 지식을 실

험으로 제시하고 답을 구하는 대회입니다. 성냥개비로 별 모
양을 만들라는 문제가 도형 만들기 문제와 비슷하게 느껴질
수 있겠지만 엄연히 과학적인 답을 묻는 문제입니다. 과학적
인 답을 요구하는 문제에서 답이 있는지 없는지에 대한 검증
도 없이 문제를 제시하진 않습니다. 분명 성냥개비 다섯 개로
별 모양을 만드는 것은 가능합니다.

 정말 궁금하군요. 어떻게 만들 수 있습니까?

 성냥개비를 이용한 별 모양을 만드는 방법에 대해 설명해 주
실 증인을 모시겠습니다. 과학공화국 물 박물관의 장워터 소
장님을 증인으로 요청합니다.

 증인 요청을 받아들이겠습니다.

　성냥개비 한 통을 왼손에, 물이 든 물컵을 오른손에
든 50대 초반의 남성이 법정 안의 학생들을 잠시 둘러
보고 증인석에 앉았다.

 성냥개비를 직접 가지고 나오셨군요.

 네, 제가 직접 실험을 보여 드리려고 합니다. 뭐 그리 어렵지
않은 거니까요. 여러분들은 잘 보시고 집에 가셔서 한번 해 보
세요.

 그럼 실험을 직접 보여 주시면서 설명을 해 주십시오.

성냥개비가 다섯 개가 필요한 것은 아무래도 별이 뾰족한 부분이 다섯 개이기 때문이겠죠? 하하하! 다섯 개의 성냥개비의 중앙을 중심으로 살살 꺾어주세요. 성냥개비를 부러뜨리면 안됩니다.

다섯 개의 성냥개비 모두 다 반으로 꺾어야 하나요?

네, 그렇습니다. 꺾어진 곳이 서로 닿도록 배열합니다. 여기에 준비물이 하나 더 필요한데요. 바로 물입니다.

물을 어떻게 이용합니까?

일단 다섯 개 성냥이 꺾어진 곳을 한 점에 모으고 물을 한 방울 떨어뜨립니다. 그러면 성냥개비 사이로 떨어뜨린 물은 모세관 현상에 의해 건조한 성냥 속으로 스며들게 되고 스며든 물은 나무 세포에 흡수되어 세포를 팽창시킵니다.

모세관 현상이 무엇인가요?

모세관 현상이란 액체 속에 폭이 좁고 긴 관을 넣었을 때 관 내부의 액체 표면이 외부의 표면보다 높거나 낮아지는 현상을 말합니다. 모세관 현상으로 액체의 표면이 오목해지거나 볼록해지기도 합니다. 이 현상을 이용하여 식물이 뿌리에서 무기양분과 물을 흡수할 수 있습니다.

그럼 모세관 현상 때문에 마른 성냥개비 속으로 물이 들어간다는 거군요.

살아 있는 나무가 물을 빨아올리는 것처럼 마른 나무도 물을

빨아들이고 휴지나 신문지의 한쪽을 물에 담가 두어도 끝까지
물이 빨려 올라가는 것은 모두 모세관 현상입니다.

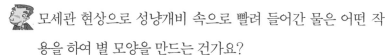

모세관 현상으로 성냥개비 속으로 빨려 들어간 물은 어떤 작
용을 하여 별 모양을 만드는 건가요?

나무 세포에 스며든 물은 세포를 팽창시키게 되고 팽창하려는
힘에 의해 서로 붙어 있던 성냥개비가 펼쳐져서 별 모양이 되
는 겁니다.

작은 세포가 팽창하는 힘이 구부러진 성냥을 펼 정도로 큰가
요?

팽창력은 우리가 예상하는 것보다 아주 큽니다. 고대 이집트
피라미드를 보면 큰 사각형의 돌들로 이루어져 있는데 기술이
발달하지 못한 그 시대에 큰 돌을 어떻게 깨고 운반했는지를
알면 이해가 될 겁니다.

큰 돌이 깨질 수 있었던 이유도 팽창력 때문인가요?

그렇습니다. 나일 강 남쪽에 커다란 벼랑이 있는데 이 벼랑의
돌이 피라미드의 돌과 같은 돌입니다. 벼랑에는 주먹 두 배만
한 지름의 구멍들이 여러 개 나 있는데 이 구멍들은 나란히 늘
어서서 정사각형의 돌덩이 윤곽을 따라 나 있는 것 같다고 합
니다. 고대 이집트인들은 이 구멍에 나무의 줄기를 박아 넣고
거기에 물을 부어서 나무가 부풀어 올라 정사각형의 커다란
블록이 갈라지면 그 돌덩이를 뗏목으로 나일 강에 띄워 피라

미드 건축 현장까지 옮겼다고 합니다. 이것은 나무의 세포로 들어간 물의 압력에 의해 세포가 팽창하고 그 힘으로 바위까지 잘라 낸 겁니다.

 나무 안으로 스며들어 간 물의 팽창력이 아주 크군요. 한 방울의 물이 스며들어 성냥의 구부러진 부분의 세포를 팽창시키고 이 힘에 의해 성냥이 펼쳐지면서 별 모양을 만들 수 있다는 것을 알았습니다. 퀴즈 문제는 충분히 가능한 문제입니다. 양 팀 학생들 모두 문제를 풀지 못했기 때문에 우승을 가리기 위해서는 다른 문제를 제시하는 것이 좋겠습니다.

모세관 현상으로 스며들어 간 물의 위력이 대단하군요. 또한 이번 퀴즈 문제는 성냥을 구부러뜨리는 것과 한 방울의 물의 조합이라고 봐야겠군요. 성냥개비로 별 모양을 만드는 실험은 학생들이 쉽게 즐기면서 과학을 접할 수 있는 좋은 체험이었습니다. 이상으로 재판을 마치도록 하겠습니다.

재판이 끝난 후 좀 더 창의적이지 못한 자신들을 반성하며 최고 고등학교와 막강 고등학교 팀원들은 대회 주최 측에 사과를 했다. 두 팀 모두 다음 해에는 꼭 우승을 하겠다며 각오를 다졌다.

모세관 현상

모세관을 액체에 담그면 액체가 모세관을 타고 위로 올라갑니다. 이것은 가는 모세관으로 되어 있는 여과지에서 일어나는 현상이지요. 수건 한 귀퉁이를 물에 담그면 점차 수건 전체가 젖게 됩니다. 이것도 역시 모세관의 작용입니다. 수건도 수천 개의 작은 실로 되어 있어서 그 실을 통해 물이 스며드는 것이지요.

그렇다면 물을 끌어올리는 에너지의 근원은 무엇일까요? 그것은 바로 표면장력입니다. 모세관에서 수면이 상승하는 것은 응집력이라고 할 수 있는 표면장력(물속의 내부 분자력)과 부착력(물과 모세관 사이의 내부 분자력) 사이의 복잡한 상호 작용 때문입니다.

통 속에 들어 있는 액체를 생각해 봅시다. 액체가 벽면을 적시면 액체 표면은 벽면에 붙어 가장자리가 약간 위로 올라가는데 이때 부착력과 응집력 사이에 평형을 이루어 어떤 특정한 접촉각을 이룹니다. 한편 액체가 벽면을 적시지 못하면 유리컵 속의 수은처럼 응집력이 부착력보다 크므로 벽면에 닿은 액체 표면은 벽면을 따라 약간 아래로 처지게 되는데 이때도 어떤 특정한 접촉각을 이루게 됩니다. 평형 상태에 있는 액체 표면의 굽어진 모양을 메니스커스라고 하지요.

모세관을 물속에 넣으면 모세관 구멍이 너무 좁아서 물과 유리관 사이의 접촉각이 안정적으로 유지될 수 없는데, 그 이유는 부착력과 응집력 사이의 평형이 유지되지 못하기 때문입니다. 표면장력(응집력)이 부착력보다 훨씬 커서 물을 위로 밀어 올리게 되고 중력과 평형을 이룰 때까지 올라가게 된답니다.

삼투압을 이용하여 달걀 크기를 조절할 수 있을까요?

달걀은 두 개의 껍질이 있어요. 바깥에 있는 단단한 껍질과 안쪽의 희고 얇은 껍질이지요. 바깥 껍질의 주성분은 분필이나 조개껍데기의 주성분인 탄산칼슘이에요. 탄산칼슘은 산에 잘 녹는 성질이 있어요. 그러므로 먼저 달걀의 바깥 껍질을 없애기 위해 달걀을 하루정도 식초에 담가 둬요. 그럼 바깥 껍질은 모두 녹아 버리지요. 이제 남은 껍질은 달걀의 안쪽 껍질인데 이것이 바로 반투막이에요. 식초에서 꺼낸 달걀을 물에 넣어 두고, 며칠 동안 기다리면 달걀이 점점 커지다가 나중에는 터지게 됩니다. 이것은 달걀 안의 농도가 바깥보다 진하기 때문에 바깥 쪽 물이 반투막을 통해 달걀 안으로 들어와 부풀어 오르는 것이지요. 만일 달걀을 설탕물에 담가 두면 반대로 달걀이 작아집니다. 이것은 바깥쪽 설탕물의 농도가 달걀 안쪽보다 높아 달걀 속의 물이 바깥으로 빠져나오기 때문이지요.

삼투압의 다른 예

삼투압 현상의 예로는 배추에 소금을 뿌려 절이는 것, 오이절임 등이 있습니다. 이것은 소금이 배추 속으로 스며들어 가고 배추 속

의 물이 밖으로 나오는 것이지요. 목욕 후 손가락 끝이 허옇게 부풀어 쭈글쭈글해지는 것 등이 모두 삼투압 현상입니다. 이 현상은 온도가 높을수록 잘 일어납니다. 그러므로 여름에는 자기 전에 절인 배추가 아침에 먹기 좋은 정도이지만 겨울에는 삼투압 현상이 잘 안 일어나므로 더 오랜 시간 절여야 하지요. 이것은 높은 온도에서 분자의 운동이 빨라 삼투압 현상이 잘 일어나기 때문입니다.

압력과 부력에 관한 사건

수압기로 무거운 물건 들어올리기

힘을 조금 들이고도 무거운 물체를 들어 올릴 수 있는
파스칼의 원리가 뭘까요?

과학공화국에서도 3D 업종의 기피 현상이 날로 심
각해져 가고 있다. 더럽고 어렵고 위험한 일을 하려
고 자진하는 사람이 없을뿐더러 잘생기고 건장한 청
년들은 모두 똑똑한 지식으로 사무를 보는 직업을 택하기 때문이었
다. 그래서 요즘 3D 업종은 대개 40~50대 사람들이 종사하고 있
다. 시멘트를 만드는 삼손 시멘트 공장에서도 20~30대는 찾아보기
어렵고 50~60대 사람들이 일을 도맡아 하고 있는 실정이었다.

"이거 원, 다 늙은 사람들이 하고 있으니 일에 진전이 없지."

"그래도 어쩌겠어. 다들 안 하려고 난린데……."

"허긴, 꽃미남 장동곤이 여기 와서 일하는 것도 좀 웃기잖아."

"허허! 그건 그렇구먼."

시멘트를 만드는 공장이어서 그런지 평소의 일은 시멘트 포대를 2층으로 옮기고 2층에서 시멘트를 만드는 작업을 하는 일이었다. 보통 노동자들이 주로 하는 일은 가루 포대를 2층으로 옮기는 일이었는데 그 무거운 것을 위로 옮기는 일이라 원래 어디가 아팠던 사람들은 일을 하고 나면 더 아플 수밖에 없었다.

60대 초반인 노롱자 씨는 이 공장에서 오랫동안 일한 사람들 중한 명이었다. 노롱자 씨는 평소에 다리 관절이 좋지 않아 고생이 심했는데 요즘 부쩍 다리가 아파 왔다.

"아이고, 다리야! 하루가 멀다 하고 '삐끗' 소리를 내는구먼."

"노롱자 씨, 다리에 알람시계를 숨겨 놨나? 왜 이렇게 소리를 내? 아직 병원 안 가 봤어?"

"에궁, 병원 가면 뭐하는가, 금세 다시 소리 날 텐데."

"그래도 병원엘 가야지 이 사람아!"

노롱자 씨는 비슷한 처지의 동료들과 신세 한탄을 하는 것이 빼놓을 수 없는 일과였다. 그러던 어느 날, 노롱자 씨는 여느 날처럼 1층에서 시멘트 가루 포대를 지고 2층으로 올라가다가 그만 살짝 금이 가 있는 계단을 밟았다가 옆으로 넘어졌다.

"아이쿠, 나 죽네!"

생각보다 크게 다친 것은 아니었지만 노롱자 씨의 아픈 다리가 더 쑤셔 왔다. 원래 아팠던 다리여서 그런지 통증이 더 심하게 느껴졌다.

"이를 어쩌면 좋아! 괜찮아요?"

"아야! 내가 죽으면 적들에게 알리지 마~라. 아이구! 다리야."

"아픈 다리가 다시 삐끗한 것 같은데 병원에 갑시다."

노롱자 씨가 안전사고로 다친 이후로 삼손 시멘트 공장에서 일하던 사람들은 자신도 일하다가 언제 저렇게 다칠지 모른다는 불안감을 가지게 되었다. 그들 중에서 평소 사람들을 잘 배려하기로 소문난 김배려 씨가 공장 노조를 만들자고 제안했다. 공장 노조는 공장에서 일하는 사람들끼리 자신의 권리를 위해서 만든 단체였다. 모두들 그 제안에 찬성했고 모두 공장 노조의 활동을 하게 되었다.

"자, 우리도 노조를 만들었으니 서로 힘든 일에 대해 얘기해 봅시다."

삼손 시멘트 공장에서 일하는 사람이 의논을 하기 위해서 모두 모였다. 그리고 노조를 만든 김배려 씨가 의견을 받고 있었다.

"그 무거운 포대를 2층으로 옮기는 게 너무 힘들지 않습니까?"

노조 중에 한 사람이 손을 들고 큰 목소리로 질문했고, 그 질문이 나오자마자 사람들은 맞장구를 치며 술렁이기 시작했다.

"노롱자 씨의 안전사고도 그러다가 일어난 것이고 무슨 대책이 필요합니다."

"에~! 맞습니다, 맞고요."

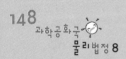

"내가 듣기로는 무거운 걸 옮기는 기계가 있다고 들었는데 그걸 사면 어떨까요?"

"그런 기계가 정말 있습니까?"

"네, 그렇게 들었습니다. 사 달라고 건의해 봅시다."

기계가 그 일을 한다면야 일하는 사람들의 힘도 덜 들고 다칠까봐 조마조마하게 걱정하지 않아도 되니 일하는 사람들에게는 제일 좋은 방법이었다. 그래서 모두들 그 의견에 찬성했고 노조의 대표인 김배려 씨가 사장을 만나서 기계를 사 달라고 건의를 하기로 했다. 그리고 당장 사장실로 찾아갔다.

"어, 김배려 씨가 웬일로 보자고 했지?"

"사장님, 저번 노롱자 씨의 일도 있고 해서 저희끼리 의논을 했습니다."

"뭘 말인가?"

"시멘트 포대를 2층으로 옮기는 일인데요. 그 일을 기계를 사서 했으면 해서요."

"어험! 기계를 말인가? 그 기계가 한두 푼 하는 것도 아니고……"

"그래도 일하는 사람들이 다치는 것보다 낫지 않겠습니까! 저희는 파업까지 생각했습니다."

"아니, 이렇게 주문이 밀렸는데 파업이라니! 진정하게! 기계를 사 주겠네."

갑작스러운 요구에 사장은 난감해했지만 일을 하지 않을 거라는 협박 아닌 협박에 두 눈 감고 허락을 해 줄 수밖에 없었다. 그리고 항상 군말 없이 일만 했던 김배려 씨가 이렇게 강하게 주장하는 걸 보니 꼭 들어줘야만 할 것 같은 기분이 든 것이다. 다행히 공장 사장은 그렇게 악덕 업주가 아니라서 큰 어려움 없이 기계를 사는 것에 찬성했고 사장은 즉시 기계를 구매했다. 그리고 며칠 후 공장으로 기계 판매 업체에서 기계를 가지고 왔다.

"여기가 삼손 시멘트 공장이죠? 주문하신 기계 가지고 왔습니다."

노동자를 포함하여 김배려 씨까지 모두 기대했던 기계가 온다는 소식에 일하다 말고 기계를 구경하러 왔다. 하지만 판매업자가 가져온 기계는 모두가 생각했던 기계와는 다르게 생긴 물건이었다. 한쪽은 입구가 작고 한쪽은 입구가 크며 안에 물이 담긴 이상한 모양의 통만 가져온 것이다.

"저희는 물건을 들어 올리는 기계를 주문했는데요, 잘못 가져오셨나 봐요."

김배려 씨는 '설마?' 하는 생각으로 의아해하며 업주에게 물었다.

"이거 주문하신 거 맞는데요."

"네? 이거라고요? 이걸로 어떻게 무거운 시멘트 포대를 올려요?"

"이걸로 가능합니다."

"에이, 말도 안 돼요! 이걸로는 할 수 없어요. 구매를 취소할게요."

"이렇게 다 가져왔는데 구매 취소라니요!"

"말도 안 돼요. 쓰지도 못하는데 취소해야죠."

기계를 파는 업주는 이미 주문해 놓고 이제 와서 구매를 취소한다고 하는 삼손 공장 사람들에게 화가 났다. 배달 오는 기름 값도 만만치 않게 들었던 것이었다. 그래서 업주는 말도 안 된다며 구매 취소를 한 공장 측을 물리법정에 고소했다.

정지해 있는 액체의 경우 한 곳에 생긴 압력의
변화가 액체의 모든 방향으로 전달되는데
이를 파스칼의 원리라고 합니다.

여기는 **물리법정**

작은 힘으로 무거운 물체를 들어 올리는
파스칼의 원리가 뭘까요?
물리법정에서 알아봅시다.

 재판을 시작합니다. 먼저 피고 측 변론하
세요.

 공장에서는 무거운 물체를 위로 들어 올리
는 기계를 주문했지. 물이 잔뜩 채워져 있는 물통을 주문한 것
은 아닙니다. 어떻게 물의 힘으로 무거운 물체를 위로 들어 올
린다는 건지 말도 안 되는 일입니다. 그러므로 구매 취소는 정
당하다고 생각합니다.

 원고 측 변론하세요.

 압력 연구소의 파스칼 박사를 증인으로 요청합니다.

동안의 얼굴에 검은 수염을 기른 40대의 남자가 증
인석으로 걸어 들어왔다.

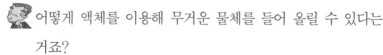 어떻게 액체를 이용해 무거운 물체를 들어 올릴 수 있다는
거죠?

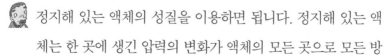 정지해 있는 액체의 성질을 이용하면 됩니다. 정지해 있는 액
체는 한 곳에 생긴 압력의 변화가 액체의 모든 곳으로 모든 방

향으로 전달되지요. 이것을 파스칼의 원리라고 하지요. 지금 공장에 들어온 기계는 다음과 같습니다.

 왼쪽과 오른쪽이 단면의 넓이가 다르군요.

 그게 키포인트예요. 단면 B의 넓이는 넓고 단면 A의 넓이는 작지요. 이때 단면 A를 어떤 힘으로 누른다고 해 보죠. 이때 물에 작용하는 압력은 그 힘을 단면 A의 넓이로 나눈 값이 될 거예요. 그런데 이 압력은 물을 통해 물 모든 곳에 전달되므로 같은 압력으로 단면 B를 위로 올리게 되지요. 그럼 단면 B에 작용하는 압력은 단면 B를 올리는 힘을 단면 B의 넓이로 나

눈 값이 됩니다. 즉 액체의 압력이 같기 때문에 다음 식이 성립하지요.

$$\frac{\text{A를 누르는 힘}}{\text{A의 넓이}} = \frac{\text{B를 올리는 힘}}{\text{B의 넓이}}$$

여기서 A의 넓이가 B의 넓이보다 작으므로 위 등식이 성립하려면 A를 누르는 힘이 B를 들어 올리는 힘보다 작아야 합니다. 즉 작은 힘으로 큰 힘을 낼 수 있지요. 이렇게 파스칼의 원리를 이용하면 액체를 이용하여 작은 힘으로 큰 물체를 들어 올리는 장치를 만들 수 있는데 이것을 수압기라고 하지요.

가만, 그렇다면 A의 넓이가 1이고 B의 넓이가 10이면 A를 1의 힘으로 누르면 B를 올리는 힘은 10배, 우와! 정말 대단한 장치이군요.

넓이의 비가 더 크면 더 큰 힘을 낼 수도 있어요.

그렇겠군요. 정말 훌륭한 발견입니다.

나도 놀랍습니다. 저런 기계가 있다니! 가만, 우리 집도 이층 집이니까 계단을 없애고 저 기계를 사서 위로 올라갈 때 쓰면 안 될까?

썰렁합니다.

판결은 간단합니다. 저런 멋진 기계를 구매 취소할 명분이 없으므로 공장은 당장 약속대로 기계를 구매하도록 하세요.

재판이 끝난 후 기계의 사용 원리에 대해 알게 된 공장 사람들은 섣불리 구매 취소를 한 것에 대해 사과를 했다. 그 후 그 기계를 사용해 손쉽게 시멘트 포대를 이동시켰고, 노동 조건이 개선된 것에 대해 공장 사람들은 뛸 듯이 기뻐했다.

압력의 단위

압력은 힘을 넓이로 나눈 값이다. 힘의 단위는 뉴턴(N)이고 넓이의 단위는 제곱미터(㎡)이므로 압력의 단위는 N/㎡이다. 그런데 이것을 파스칼의 이름을 딴 파스칼(Pa)이라고도 부른다.

은이 섞인 금 돼지

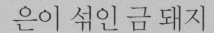
황금 돼지에 은이 얼마나 섞였는지 알아낼 수 있을까요?

금 목걸이, 다이아몬드 반지, 루비 귀걸이 등의 반짝거리는 액세서리들을 잔뜩 걸치고 나온 박복녀 씨는 오늘도 백화점을 돌아다니며 쇼핑을 즐기고 있었다.

"사모님! 어쩜 언제 뵈도 항상 럭셔리하고 고급스러우세요. 호호호~!"

"럭셔리? 고급? 내가 좀 그 단어들이랑 많이 친해. 호호호~! 왕매니저는 정말 진솔해! 가식이 전혀 없어. 오늘 새로 나온 옷들 좀 있나?"

"그럼요. 사모님한테 아주 딱 어울리는 모피 숄이 있어요. 한번

걸쳐 보세요."

작은 키에 뚱뚱한 체형의 박복녀 씨는 사실상 무슨 옷을 입어도 옷태가 나지 않았다. 모피 숄을 걸치고 전신 거울을 보며 이리저리 움직이는 모습이 꽤나 우스꽝스러웠다. 숄은 바닥에 닿을락말락할 정도로 끌렸고, 풍만한 몸매 덕분인지 숄은 마치 머플러처럼 얇아 보였다.

"어머, 사모님! 역시 잘 어울리세요. 명품은 명품을 알아보는 법이네요."

"그래? 근데 내 키가 좀 작아서 숄이 너무 긴 것 같은데……."

"키가 작다니요! 사모님은 표준이에요. 아담하고 사랑스러운 게 요즘 사람들이 너무 키가 큰 거라고요."

매장의 판매 사원 왕수지 씨는 달콤한 말들로 복녀 씨의 마음을 흔들어 놓았다.

"그래도…… 이건 얼마야?"

"최고급 모피라서 가격이 조금 나가는데요. 우리 럭셔리 사모님께서 사신다면 10% 정도 할인은 해 드려야죠. 우리 매장의 최고 고객님이신데 할인해서 500만 달란이에요."

"뭐? 500만 달란?"

"저렴하죠?"

"저…… 저렴하네."

복녀 씨는 갖은 칭찬을 듣고 비싸다는 이유로 옷을 벗어 놓을 수

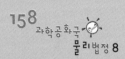

가 없었다. 그건 그녀의 자존심 문제였다.

"왕 매니저! 근데 정말 나한테 잘 어울려?"

"물론이죠. 우리 모델들보다 더 품위 있으시고 멋지세요. 원래 모피는 사모님처럼 넉넉하고 품위 있는 분이 입으셔야 태가 나거든요."

"그럼 왕 매니저만 믿을게. 이거 걸치고 갈 거니까 그냥 두고 이 카드로 계산해 줘."

결국 복녀 씨는 어울리지도 않는 숄을 값비싼 가격을 지불하고 구입했다. 그녀는 집으로 오는 차 안에서 남편의 잔소리를 들을 생각에 한숨을 내쉬었다.

'휴우! 그 영감이 또 쇼핑했다고 얼마나 잔소리를 할까? 괜히 샀나? 하여간 왕 매니저 말에 한두 번 넘어가는 것도 아니고 백화점을 바꾸든지 해야지.'

"사모님! 댁에 도착했습니다."

"황 기사! 수고했어요."

차에서 내려 집으로 들어가는 길이 만 리라도 되는 듯 멀게만 느껴졌다. 현관문에 들어서자 남편 최갑부 씨는 거실 소파에 앉아 신문을 보고 있었다.

"여……보!"

"당신 왔…… 엥? 그건 또 뭐야? 당신 또 쇼핑한 거야? 이 사람이 정말!"

눈이 휘둥그레진 갑부 씨의 얼굴은 점점 붉어졌다.

"미안해! 그게…… 나도 사려고 한 건 아닌데……."

갑부 씨는 자리에서 일어나 복녀 씨에게 다가왔다.

"이거 얼마짜리야? 오…… 오백만 달란! 당신 정말 제정신이 아니군! 돼지 목에 진주 목걸이도 아니고…… 어울리지도 않는 옷을 오백만 달란이나 주고 사?"

"안…… 어울려요?"

"쯧쯧쯧, 어휴! 내가 속 터져서 정말……."

화가 잔뜩 난 최갑부 씨는 현관문을 쾅 닫고는 나가 버렸다. 복녀 씨는 생각보다 일이 잘 해결된 것 같은 마음에 안도의 한숨을 내쉬고는 안방으로 들어갔다.

"생각보다 덜 혼났네. 호호호~!"

옷을 갈아입던 복녀 씨는 장롱 안에서 빛나는 무언가를 발견했다.

"어머? 이게 뭐야?"

장롱 구석 깊숙이 놓여 있는 무언가를 끄집어냈다.

"이거, 순금 덩어리 아니야?"

번쩍 빛이 났던 것은 다름 아닌 순금 덩어리였다. 무게도 제법 나갔다.

"이게 왜? 참! 이걸로 금 돼지나 만들어 볼까? 그럼 저 양반도 좋아할지도 모르지. 오늘 사고 쳤으니까 황금 돼지로 만회해야겠어. 호호호~! 역시 난 머리가 좋아!"

순금 덩어리를 들고 복녀 씨는 보석 세공소로 향했다.

"어서 오십시오."

"저기, 이 순금 덩어리로 세상에서 가장 아름답고 럭셔리한 돼지를 만들어 주세요."

복녀 씨의 가방에서 나오는 묵직한 순금 덩어리는 정말 눈이 부셨다.

"아니, 사모님! 이 귀한 것을 어디서……."

"그건 알 것 없고요. 얼른 돼지로 만들어 주세요."

"최대한 빨리 작업을 한다고 해도 내일까지는 기다리셔야 할 것 같습니다."

"내일? 알았어요. 예쁘게나 만들어 주세요."

세공업자 비열한 씨는 묵직한 순금 덩어리를 왠지 모르게 느끼한 눈빛으로 바라보았다. 그리고 작업장으로 가서 돼지를 만들기 시작했다. 그때 마침 택배가 배달되었다.

"비열한 씨! 택배 왔습니다. 아무도 안 계세요?"

몇 번을 불러도 아무런 대답이 없었다. 빠끔히 열린 작업장의 문을 열자 비열한 씨가 무언가를 열심히 만들고 있었다. 가까이 다가가도 비열한 씨는 일에 열중하느라 정신이 없었다.

'금이랑 은이랑 섞어서 돼지를 만드는구나? 우와~! 엄청 빛나네?'

택배 사원 안성실 씨는 택배 물건을 두고 나갔다. 그리고 다음 날

복녀 씨는 황금 돼지를 찾으러 세공소에 들렀다.

"다 됐어요?"

"네, 완성했습니다. 아주 럭셔리 그 자체인 황금 돼지입니다. 하하하!"

황금 돼지는 정말 고급스러웠다. 복녀 씨도 마음에 쏙 들었다.

"어머나! 이게 정말 순도 백퍼센트 금 돼지라는 거죠?"

"무…… 물론이죠!"

"수고했어요."

복녀 씨는 남편에게 선물을 하기 위해서 들뜬 마음으로 집으로 돌아갔다.

"여보!"

"뭐야 또……."

"이것 보세요. 내가 당신 위해서 준비한 거예요. 짜잔!"

최갑부 씨는 테이블에 놓인 황금 돼지를 보고 깜짝 놀랐다.

"아니 이게 웬 거야?"

"장롱에 있던 금 덩어리로 만들었어요. 예쁘죠?"

"뭐, 괜찮네. 안 그래도 그 금 덩어리를 어떻게 할까 고민 중이었는데 오랜만에 마음에 드는 일 좀 했구려."

"호호호!"

'딩동~!'

누군가 왔는지 벨이 울렸다.

"대낮에 누구지? 누구세요?"

"택배 왔습니다."

"들어오세요."

갑부 씨와 복녀 씨는 황금 돼지를 보며 싱글벙글 웃고 있었다. 그때 택배 사원 안성실 씨가 들어왔다.

"최갑부 씨가 누구시죠? 여기 물건이……. 어라? 저 돼지, 어제 본 돼지네?"

"네?"

"어제 제가 세공소에 배달을 하러 갔는데 주인이 그 돼지를 만드시더라고요. 금이랑 은이랑 섞어서 만드는데 어찌나 열중하시던지 제가 몇 번을 불러도 대답을 안 하시더라고요."

"뭐라고요?"

순간 복녀 씨와 갑부 씨는 택배 사원과 금 돼지를 번갈아 바라보았다. 당황한 건 안성실 씨도 마찬가지였다.

"왜요?"

"지금 뭐라고 했어요? 금이랑 은이랑 섞었다고요?"

"네, 제가 본 대로 말한 것뿐인데……."

얼굴이 파랗게 질린 복녀 씨는 당장 금 돼지를 안고 세공소로 달려갔다. 갑부 씨와 성실 씨도 이어 뒤따라갔다.

"이 봐요!"

"사모님! 오늘 두 번이나 오시네요. 무슨 일이세요?"

"당신, 이 돼지 어떻게 된 거야?"

"네?"

"이거 순금 백퍼센트라고 했잖아. 근데 택배 사원이 당신이 금이 랑 은이랑 섞는 거 봤다던데?"

"아, 아니에요. 무게를 달아 보세요."

"당장 달아 봐요."

"어라?"

황금 돼지의 무게는 순금 덩어리와 같았다. 하지만 뒤따라온 성실 씨가 소리쳤다.

"하지만 제가 분명히 봤어요. 저 사람이 금과 은을 섞으면서 이 돼지를 만들었다고요."

"이봐! 자네가 뭔데 이 일에 나서?"

"전 목격자니까요."

이에 갑부 씨와 복녀 씨는 비열한 씨를 물리법정에 고소하기로 결 정했다.

어떤 물체를 물이 가득 찬 욕조에 넣으면 물이 넘치게 됩니다.
이때 넘친 물의 부피가 바로 물속에 잠긴 물체의 부피가
된다는 것이 아르키메데스의 원리입니다.

여기는 물리법정

금 돼지에 은이 섞였는지 안 섞였는지
어떻게 알 수 있을까요?
물리법정에서 알아봅시다.

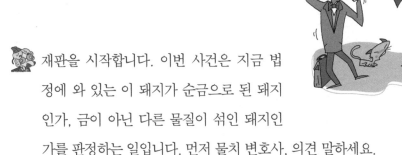

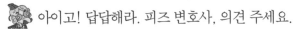 재판을 시작합니다. 이번 사건은 지금 법
정에 와 있는 이 돼지가 순금으로 된 돼지
인가, 금이 아닌 다른 물질이 섞인 돼지인
가를 판정하는 일입니다. 먼저 물치 변호사, 의견 말하세요.

보세요! 저 돼지는 완전 황금색이지요? 그리고 세공업자가
처음에 받았던 순금 덩어리의 무게와 돼지의 무게는 같아요.
그러니까 세공업자는 순금으로 돼지를 만든 게 틀림없어요.

아이고! 답답해라. 피즈 변호사, 의견 주세요.

이것은 아르키메데스의 원리를 이용하면 쉽게 알아볼 수 있
어요.

그게 어떤 원리죠?

물이 가득 찬 목욕탕에 들어가면 물이 밖으로 넘치죠? 어떤
물체를 물이 가득 찬 욕조에 넣으면 물이 넘치는데 이때 넘친
물의 부피가 바로 물속에 잠긴 물체의 부피가 된다는 것이 아
르키메데스의 원리입니다.

그럼 넘친 물의 부피는 잠긴 물체의 부피하고만 관계있나요?

그렇습니다.

 그걸로 어떻게 은이 섞여 있는지 알 수 있지요?

 지금 세공업자가 만든 황금 돼지의 무게는 순금 덩어리의 무게와 같습니다.

 그럼 부피도 같은 거 아닌가요?

 둘 다 순금이라면 그렇겠지요. 하지만 금과 은은 밀도가 다릅니다. 금이 은보다 밀도가 크지요. 그러므로 같은 질량일 경우 은의 부피가 금의 부피보다 큽니다. 그러므로 같은 질량의 은과 금을 물에 넣으면 은을 넣었을 때가 물이 더 많이 넘치겠지요. 그러므로 만일 황금 돼지에 은이 섞여 있었다면 순금을 넣었을 때보다 넘치는 물의 양이 더 많아야 합니다.

 당장 실험합시다.

그리하여 두 개의 물통에 황금 돼지와 처음 세공업자에게 준 순금 덩어리와 똑같은 순금 덩어리를 넣었다. 그러자 황금 돼지를 넣은 곳의 물이 더 많이 넘쳐 흘렀다.

판결은 필요 없겠지요? 모두들 눈으로 보았을 테니까요. 저 황금 돼지는 금으로만 되어 있는 돼지가 아닙니다. 즉 금보다 싼 다른 물질이 들어 있지요. 이상으로 재판을 마치도록 하겠습니다.

재판이 끝난 후 사실이 밝혀지자 비열한 씨는 박복녀 씨의 금 돼지에 은이 섞여 있음을 시인할 수밖에 없었다. 사실을 알게 된 최갑부 씨는 배상을 하라고 요구했고, 비열한 씨는 갑부 씨의 요구대로 배상해 줄 수밖에 없었다.

밀도

같은 부피를 가진 두 물체의 질량이야말로 그 물질이 무거운지 가벼운지를 따질 수 있는 양이 되는데 이것을 밀도라고 한다. 밀도는 물체의 질량을 부피로 나눈 값으로 정의한다.

코끼리 무게 달기

물과 널빤지를 이용하여 코끼리의 무게를 잴 수 있다고 하는데
어떤 원리가 숨어 있을까요?

동물공화국에는 코끼리 농장이 딱 한 군데밖에 없었
다. 그래서인지 이 코끼리 농장은 자신만만한 광고를
여기저기에 하면서 농장 자랑을 늘어놓기에 바빴다.

거대한 코끼리가 코를 뻗고 누워 잘 수 있는 넓은 휴식 공간! 코
끼리가 너무 많이 먹어 체하는 날도 있다는, 먹이가 넘쳐나는 공간!
동물공화국 유일의 코끼리 농장, 바로 여기뿐입니다!

농장에서 키워지는 코끼리들이 점점 나이가 들고 사람의 손을 타

지 않아도 된다고 생각되면 이 농장에서는 이제 다 큰 코끼리를 필요한 곳에 수출하기로 했다. 수출한다는 소식이 퍼지자 여러 곳에서 수입하겠다는 전화가 걸려왔다.

"여기는 어린이공화국의 즐거워 동물원입니다. 코끼리를 수입하고 싶어서 그러는데요."

"네, 어떤 코끼리를 원하십니까?"

"거기서 제일 큰 코끼리가 제일 코끼리다울 것 같은데요."

"아, 그러면 무게가 제일 많이 나가는 코끼리를 찾고 계신 것 같네요."

"네, 가장 무게가 많이 나가는 코끼리는 몇 킬로그램인가요?"

"네? 죄송하지만 아직 코끼리 무게를 재 보지 않아서……."

이렇게 무게에 따라 코끼리를 원하는 곳이 대부분이었다. 그래서 코끼리 무게를 모두 재야만 했다. 그러나 문제는 어떻게 무게를 재냐는 것이었다. 이 문제 해결을 위해서 코끼리 농장 사람들이 모였다.

"그것참, 코끼리 무게를 정확하게 잴 만한 저울이 없을까요?"

"코끼리는커녕 코끼리 발톱 하나만 얹어도 저울이 고장 날 것 같은데요?"

"그래도 한번 구해 봅시다. 동물공화국에서 코끼리 무게를 잴 수 있는 저울을요!"

그래서 일단 동물공화국에서 제일 많은 무게를 잴 수 있는 저울을 구하는 광고를 붙였다. 그 저울을 찾기만 한다면 저울 주인에게 코끼리 농장 견학을 시켜 준다는 조건을 붙였다. 사실 아직 성장하고 있는 코끼리들 때문에 코끼리들이 사는 곳은 외부인 출입금지 구역이었기 때문이다. 광고를 붙이자마자 많은 저울들이 코끼리 농장 앞으로 배달돼 왔다. 다들 코끼리 무게를 잴 수 있다고 자부하는 저울들이었다.

"그럼 첫 번째 저울부터 코끼리 무게를 재어 보겠습니다."

첫 번째 저울은 일반적으로 사람의 몸무게를 재는 눈금이 있는 것이었다. 코끼리 발 하나 올려놓기도 어려운 저울이라서 코끼리의 무게를 잴 수 있을 리 만무했다. 그러다가 코끼리 발에 밟혀서 저울이 산산조각 나 버렸다.

"이거…… 처음부터 부서졌네요. 죄송하네요!"

그렇게 저울 값을 배상해 주었고 두 번째 저울에 코끼리 무게를 재 보았다. 두 번째 저울은 전자저울이었다. 그러나 그 저울도 코끼리가 사뿐히 올라서자 바로 '에러'라는 글자가 뜨면서 고장이 난 것이었다.

"어떤 저울도 코끼리 무게를 잴 수는 없나 봐요."

"코끼리 이 녀석은 너무 몸무게가 많이 나가서 탈이네."

"그럼 어떻게 코끼리 무게를 재냐고요~!"

답답한 코끼리 농장 사람들은 코끼리 무게를 잴 수 있는 저울을 찾는 일을 그만두고 고장 나고 부서진 저울들을 배상해 주는 것으로 일을 마무리 지으려고 했다. 그때 한 사람이 다가와서 한숨을 푹푹

쉬고 있는 코끼리 농장 사람들에게 희소식을 전해 주었다.

"저기…… 그런 건 과학공화국에 부탁하면 안 되나요?"

서성거리며 저울이 부서지는 걸 구경하고 있던 사람이 한 말이었다. 그러나 그것이 하늘이 무너져도 솟아날 구멍이 있다는 말처럼 농장 사람들에게는 마지막 남은 희망의 말이었다.

"아, 그러면 되겠구나!"

"그래! 왜 그 생각을 못했지? 어서 과학공화국에 있는 저울 연구소에 부탁해 보자."

이렇게 해서 동물공화국에 있는 코끼리 농장 사람들은 과학공화국에 있는 저울 연구소에 직접 전화를 걸었다.

"네, 어떤 것이 필요하세요?"

"아, 저희는 동물공화국에서 코끼리 농장을 운영하고 있습니다만, 코끼리 무게를 잴 수 있는 방법이 있나 해서요."

"멀리서 전화하셨네요. 음…… 코끼리 무게를 잴 수 있는 저울이요?"

"네, 가능한 거겠죠?"

"음…… 그건…… 아! 가능합니다."

"정말 가능한가요? 아, 그럼 빠른 시일 내로 부탁합니다."

"걱정 마세요. 택배로 보내 드리겠습니다."

저울 연구소 직원이 잠시 머뭇거린 게 마음에 걸리긴 했지만 이제 진짜 코끼리 무게를 잴 수 있다는 생각에 걱정을 한시름 놓게 되었다. 다음 날 코끼리 농장 앞으로 정말 택배가 왔다. 하지만 그 택배 물건의 크기는 보통 물건과는 차원이 다를 정도로 컸다.

"아, 헥헥! 여기가 코끼리 농장 맞습니까?"

택배 물건을 들고 온 택배 아저씨도 많이 지친 모습이었다. 그도 그럴 것이 여기는 코끼리를 위해서 도시와 멀리 떨어진 외진 곳에 있고 들고 온 택배 물건의 크기도 엄청 컸기 때문이다.

"네, 맞는데요."

"와~! 여기 찾아오는데 정말 힘들었습니다."

"오시느라 정말 수고하셨네요."

"그럼 여기 사인해 주시고 다음부터 이렇게 무거운 택배는 시키지 마세요."

"네?"

"택배 배달 오다가 쓰러지는 줄 알았습니다."

택배 아저씨가 가벼운 손과 가뿐한 마음으로 가고 나서 농장 사람들은 택배 물건을 풀어 보았다. 그 택배는 역시나 얼마 전에 부탁한 과학공화국의 저울 연구소에서 온 것이었다. 이제는 진짜 코끼리의 몸무게를 잴 수 있다는 기쁨에 코끼리 농장 사람들 모두 마음이 한껏 부풀어 있었다. 그러나 상자 안에는 물이 가득 담긴 통과 널빤지만 들어 있었다.

"애걔! 이게 뭐야?"

무게를 재는 것이라 해서 큰 저울일 거라 생각한 농장 사람들은 어디서나 흔히 볼 수 있는 통과 널빤지를 보고 실망한 내색을 드러냈다. 부풀었던 마음이 진눈깨비 녹듯이 다시 착 가라앉는 것만 같았다. 도대체 이게 어떻게 된 일인지 저울 연구소에 따지기 위해 전화를 걸었다.

"이게 도대체 뭡니까?"

"주문하신 거 보내 드렸습니다."

"이런 건 우리나라에도 있습니다. 촌에서 산다고 무시하시는 겁니까?"

"저희는 그럴 의도가 없었는데……."

"어쨌든 환불해 주세요."

"그걸로 코끼리 무게를 잴 수 있다니까요!"

결국 코끼리 농장 사람들은 얼토당토않은 저울을 보낸 과학공화국의 저울 연구소를 물리법정에 고소하게 되었다.

물체가 물속에 떠 있는 것은 중력과 크기가 같고 방향이
반대인 부력과 평형을 이룰 때입니다. 부력은 유체 속에
떠 있는 물체와 같은 부피의 유체의 무게와 같습니다.

물과 널빤지를 이용하여
코끼리의 무게를 측정할 수 있을까요?
물리법정에서 알아봅시다.

 재판을 시작하겠습니다. 저울을 이용하지
않고 코끼리의 무게를 측정하는 다른 방법
이 있다고 하는데요. 업체에서 보낸 물건으
로 코끼리의 몸무게를 측정할 수 있습니까? 원고 측 변론해
주십시오.

 무게를 재는 측정 기구는 저울입니다. 저울을 이용하지 않고
무게를 측정하는 것은 불가능한 일입니다. 아무리 간단한 구
조를 가졌다고 하더라도 무게를 측정하는 원리는 모두 저울의
원리를 이용한 것입니다. 그런데 저울 바늘도 없고 디지털 형
식의 저울도 아닌 널빤지와 물이 가득 담긴 통을 저울이라고
하진 않습니다.

 저울이 아니더라도 무게를 측정하는 역할을 하면 저울과 다
를 것이 없지 않을까요?

 물론 판사님 말씀이 맞지만 널빤지와 물이 가득 담긴 통으로
코끼리의 몸무게를 측정하는 것이 정말 가능할지는 의문입니
다. 원고는 저울 연구소에서 보낸 물건을 당장 환불 받고 싶습
니다.

저울 연구소에서 보낸 물건으로 코끼리의 무게를 측정하지 못한다면 저울 연구소 측에서 당연히 배상해 드려야겠지만 만약 무게를 측정할 수 있다면 원고 측에서 받아들여야 한다는 것도 알아두십시오. 그렇다면 널빤지와 물이 가득 담긴 통으로 코끼리의 무게를 측정할 수 있을지 피고 측 변론을 들어보겠습니다.

 업체에서 보낸 물건은 무게를 측정하도록 보내진 것이 맞습니다.

 혹시 물통에 코끼리를 집어넣는 건 아니겠죠? 하하하!

 맞습니다.

 코끼리가 죽으면 어떻게 합니까?

 코끼리가 물속에 완전히 잠기면 죽겠지만 코끼리는 물속에 잠기지 않습니다. 널빤지 위에 코끼리를 올려서 물속에 넣으면 코끼리는 뒤집히지 않고 안전하게 물속에 서 있을 수 있습니다.

 물속에 코끼리를 넣으면 무게를 알 수 있다고요? 어떻게 가능한가요?

 코끼리 무게를 측정하는 방법에 대해 증인을 모셔서 설명 드리겠습니다. 부력 연구소의 김둥실 소장님을 증인으로 요청합니다.

 증인 요청을 받아들이겠습니다.

풍선같이 솜이 많이 든 옷을 입은 50대 중반의 남성
이 가벼운 발걸음으로 증인석에 앉았다.

 저울을 이용하지 않고 코끼리의 무게를 측정하는 방법이 있습
니까?

 있습니다. 부력을 이용하면 됩니다.

 부력이 무엇입니까?

 중력이 작용하는 공간에서 유체 속에 있는 정지 물체가 유체
로부터 받는 중력과 반대 방향으로 작용하는 힘을 말합니다.
즉 유체로부터 떠받히는 힘이지요.

 부력을 이용하여 무게를 측정하는 원리는 무엇입니까?

 물체가 물속에 떠 있는 것은 중력과 크기가 같고 방향이 반대
인 부력과 평형을 이룰 때입니다. 그리고 부력은 유체 속에 떠
있는 물체와 같은 부피의 그 유체의 무게와 같습니다.

 무게를 측정하려면 무게와 같은 부력을 계산해야 하겠군요.
부력을 계산하는 방법은 무엇입니까?

 부력은 물체가 잠긴 부피만큼의 유체의 무게를 구하면 되는데
그 값은 물속에 잠긴 물체의 부피에 유체의 밀도와 중력 가속
도를 곱한 값입니다.

 부력을 이용하여 코끼리의 무게는 어떻게 측정하지요?

 널빤지와 물이 가득 담긴 통으로 코끼리의 무게를 측정하는

방법은 일단 물이 가득 담긴 물통에 널빤지를 올리고 그 위에 코끼리를 올라가게 합니다. 코끼리가 널빤지 위에 올라가면 코끼리의 무게에 의해 코끼리는 물속에 어느 정도 잠기며 물이 가득 담긴 물통의 물이 넘치고 코끼리는 물속에 떠 있게 됩니다. 코끼리가 다시 밖으로 나오면 물이 넘친 만큼 부피가 줄어들겠지요. 줄어든 부피가 코끼리가 물속에 잠긴 만큼의 부피입니다. 따라서 부력을 구하기 위해서는 이 부피에 물의 밀도와 중력 가속도를 곱하면 됩니다.

 부력과 코끼리의 무게가 같으므로 부력을 구하는 것이 코끼리의 무게를 구하는 것이군요.

 그렇습니다. 물의 밀도는 $1g/cm^3$이며 코끼리가 무거울수록 물속에 잠기는 부피가 커지겠지요.

 이상으로 코끼리의 무게를 측정하는 방법을 알아보았습니다. 코끼리의 무게는 물속에 잠긴 코끼리에 대한 부력을 구함으로써 쉽게 해결될 수 있으므로 업체에서 보낸 물건으로 충분히 코끼리의 무게를 측정할 수 있습니다. 따라서 피고 측에서는 배상할 것이 없습니다.

 부력을 이용하여 무게를 측정할 수 있다는 원리에 대한 설명을 잘 들었습니다. 원고는 다른 저울로는 코끼리의 무게를 측정하는 것이 불가능하다고 판단하여 업체에 물건을 주문한 것으로 압니다. 따라서 환불하는 것보다 업체의 물건으로 코

끼리의 무게를 측정하는 것이 어떨까 합니다. 이상으로 재판을 마치도록 하겠습니다.

재판이 끝난 후 겉모습은 허술하고 별것 아닌 것 같았지만 정말 코끼리의 무게를 잴 수 있는 물건이라는 것이 밝혀지자 코끼리 농장 사람들은 과학공화국의 저울 연구소에 사과를 했다. 과학공화국에서 보내온 물건으로 코끼리의 무게를 잰 농장 사람들은 코끼리를 필요로 하는 곳에 모두 수출할 수 있었다.

오줌싸개 동상

물의 속도와 압력의 관계에 대해서 알아볼까요?

과학공화국에는 놀러와 도시가 있었다. 이 도시는
원래 하나도 개발되지 않은 황무지였는데, 나라에서
이 도시를 관광도시로 만들기로 결정한 이후로 많이
발전한 곳이었다. 관광 도시에 걸맞게 많은 볼거리와 개성 넘치는
새로운 건물들을 지었는데 그중 이리와 공원은 유난히 사람들 발길
이 뜸한 공원이었다. 아름다운 산을 배경으로 알록달록 수만 가지
꽃들을 심어 놓은 곳이라서 봄, 가을이면 꽃향기로 가득한 곳이었
다. 그러나 그런 공원은 어느 도시나 한곳쯤은 있을 법한 공원이었
다. 그래서인지 특별할 것이 없는 그 공원을 일부러 보러 오는 사람

은 많지 않았다. 그리고 놀러와 도시가 관광 도시로 발전한 지 얼마 되지 않아 홍보 부족인 탓도 있었다.

"놀러와 도시 알아요?"

"아! 그 촌 동네요?"

이처럼 사람들의 반응은 싸늘했다. 예상과는 달리 관광객들이 놀러와 도시에 거의 오지 않자 놀러와 도시의 홍보 담당인 김컴온 씨가 관광객들을 끌어들일 대책을 세우느라 비지땀을 흘리고 있다. 혼자 머리로는 도저히 좋은 생각이 떠오르지 않자 김컴온 씨는 홍보부 사람들과 머리를 맞대고 대책을 의논했다.

"나라에서 밀어 준 관광 도시인데 사람들이 안 오니 원~!"

"그러게 말입니다. 뭔가 또 새로운 걸 지을까요?"

"돈이 남아나는가? 공원 하나 짓는 것도 힘들었는데……."

"그럼, 동상 같은 걸 하나 세우시죠?"

"뭐? 동상? 그거 괜찮은 생각인데, 값도 싸고!"

관광객들을 불러들이기 위해 결정 내린 묘안이 바로 동상을 공원에 세우자는 것이었다. 그러나 어디에 어떤 동상을 세우느냐가 또 하나의 문제였다.

"그런데 무슨 동상을 세우지?"

"외국에서나 있는 아기들 오줌 싸는 동상은 어떨까요?"

"에구! 너무 야하지 않겠나?"

"공원 호수에 놓으면 귀엽다고 난리일 겁니다."

"하긴, 인기는 많겠어."

"그럼 어디다 세울까요?"

"그건…… 호수가 있는 이리와 공원에 세우세!"

이렇게 해서 놀러와 도시에서 그중 유명한 이리와 공원 호수에 아기 동상을 세우기로 했다. 그래서 홍보 담당 김컴온 씨는 직접 동상을 주문하기 위해서 동상을 만드는 곳에 갔다.

"어서 옵쇼~!"

"아기가 오줌 싸는 동상 주문하려고 왔는데요."

"아~! 오줌 싸는 거요. 이순신 장군 동상 이후로 요즘 제일 잘나가죠."

"모양은 대충 포동포동한 아기가 오줌 싸는 모양이면 되는데……."

"저희에게 맡겨 주세요. 롱다리 아이로 예쁘게 만들어 드릴게요."

"요즘은 아기들도 롱다리입니까? 나 태어났을 때와 다르네."

"아이라도 상체보다 하체가 긴 롱다리가 낫죠."

"어쨌든 저처럼 귀엽게 만들어 주시면……."

"네? 아, 네~!"

김컴온 씨는 이렇게 해서 직접 동상을 주문했다. 그리고 며칠 뒤, 이리와 공원에 아기 동상이 세워졌다. 정말 롱다리인 포동포동한 아이가 오줌을 싸고 있는 동상이었다. 그 동상을 보며 김컴온 씨는 생각했다.

'외국처럼 귀엽게 오줌 싸고 있는 아기 동상도 있겠다, 이제 사람들이 어마어마하게 몰려들겠지.'

그리고 몇 달 후 김컴온 씨가 이리와 공원에 관광객이 얼마나 늘었는지를 조사하러 왔다.

"어디, 관광객 수가 얼마나 늘었나? 다섯 배? 열 배?"

"이상하게도 관광객 수가 전혀 늘지 않았습니다."

"뭣이라?"

"정말 사람이 늘지 않았습니다."

"아니, 그 동상을 세워도 그렇단 말인가?"

"동상이 있으나 마나였네요."

"인정할 수 없어! 왜 이런지 내가 직접 알아봐야겠어!"

김컴온 씨는 자신의 예상을 깬 답변에 놀랐다. 오줌 싸는 동상이 사람들을 끌어 모을 줄 알았는데 아니었던 것이다. 그래서 왜 그 동상이 사람들을 끌어 모으지 못했는지를 알아보기 위해 결국 현장조사에 나서게 되었다. 김컴온 씨는 이리와 공원의 그 동상 주위를 서성거리며 지나가는 행인인 척 사람들에게 동상에 대해서 물었다.

"저기…… 저 동상 귀엽지 않아요?"

"예쁘긴 한데 오줌발이 약해서 오줌을 싸고 있는 건지 아닌지도 잘 모르겠네요."

"오줌발이 약해서 재미없어요."

대부분의 답변이 오줌발이 약해서 별로 사람들의 마음을 사지 못한다는 것이었다. 김컴온 씨의 예상을 깬 결과의 원인은 동상의 오줌발이 약해서 그런 것이었다. 없는 예산에 동상까지 만든다고 많은 돈을 썼던 김컴온 씨는 화가 머리끝까지 나서 동상을 만든 제조업체로 한걸음에 달려갔다.

"아니, 오줌 싸는 동상이 오줌을 시원하게 싸야 하는 거 아닙니까?"

"저희는 주문 받은 대로 만들었을 뿐입니다."

"오줌발이 약하다고 사람들이 관심도 안 가지면 동상을 세우나 마나 아닙니까?"

"그건 그쪽 사정이지요!"

"정말 이러기예요? 그렇다면 저도 최후의 방법을 써야겠군요."

이렇게 해서 결국 홍보부 김컴온 씨는 동상을 만들었던 제조업체를 고소했다.

유체의 속력이 증가하면 압력이 낮아지고, 반대로 감소하면
압력이 높아지는데 이것을 베르누이의 정리라고 합니다.

오줌 싸는 아기 동상의
오줌발이 약한 이유는 뭘까요?
물리법정에서 알아봅시다.

재판을 시작하겠습니다. 관광객 유치를 위
해 설치한 오줌 싸는 아기 동상은 오줌발
의 물줄기가 약해서 제 구실을 하지 못하고
있다고 합니다. 오줌발의 세기를 빠르게 할 방법은 없습니까?
오줌 싸는 아기 동상의 오줌발이 약한 것은 누구의 책임인가
요? 피고 측 변론하십시오.

원고는 오줌 싸는 아기 동상을 만들어 달라고 동상을 만드는
업체에 의뢰를 했습니다. 동상을 만드는 업체인 피고 측은 원
고 측의 요구대로 동상을 만들어 설치까지 해 주었습니다. 그
런데 동상의 오줌발이 약하다는 이유를 피고 측에 묻고 있습니
다. 동상을 만드는 업체에서 어떻게 물의 속도를 빠르게 할 수
있다는 겁니까? 피고 측에서는 책임질 수 없음을 주장합니다.

동상에서 물이 나오는 속도를 빠르게 할 방법이 없습니까? 동
상을 만드는 측에서 물의 속도가 빠르게 설계를 하면 좋았을
텐데요.

그건 불가능합니다. 물의 속도에 대한 선택 사항이 없습니다.
그것은 수도관을 관리하는 곳이나 수자원공사에 의뢰를 하는

것이 훨씬 빠를 겁니다.

피고 측은 아기 동상의 오줌발 속도가 느린 이유가 자신들이 동상을 잘못 만들어서 그런 게 절대 아니라고 합니다. 원고 측에서는 동상 제작이 잘못되었다고 판단하는 증거가 있습니까?

오줌 싸는 아기 동상은 원고 측의 공원에만 설치한 것이 아닙니다. 다른 곳에 설치한 오줌 싸는 아기 동상은 물줄기도 세고 사람들에게 인기가 아주 높습니다. 만약 동상을 만드는 업체에서 동상을 잘못 만든 것이 아니라면 다른 지역의 오줌 싸는 아기의 오줌발도 약해야 할 것입니다.

그렇다면 아기 동상의 오줌발을 세게 할 수 있는 방법이 있습니까?

동상의 오줌발의 세기를 높일 수 있는 방법을 찾아보도록 하겠습니다. 수압 연구소의 강압력 박사님을 증인으로 요청합니다.

증인 요청을 받아들이겠습니다.

50대 중반의 남성이 길이가 각기 다른 수도꼭지 여러 개가 담긴 바구니를 두 손으로 들고 증인석으로 들어왔다.

오줌 싸는 아기 동상의 오줌발의 속력을 높일 수 있을까요?

아기 동상은 내부에 있는 수도꼭지 같은 호수의 길이를 조정

하면 유속을 높일 수 있습니다.

 어떻게 만들면 됩니까?

 아기 동상 내부에 연결할 호스가 중요합니다. 수도꼭지 입구 쪽은 굵고 출구 쪽으로 갈수록 가늘어지는 호스를 아기 동상에 연결하고 물을 틀 경우, 물이 굵은 호스를 지날 때는 그 흐름이 느려지고 가는 호스를 지날 때는 그 흐름이 빨라집니다. 이때 호스 안의 압력을 살펴보면 물의 흐름이 느린 곳은 압력이 크고 흐름이 빠른 곳은 압력이 작아집니다.

 물의 속도와 압력의 관계를 어떻게 알 수 있습니까?

 '베르누이의 정리'는 이런 현상을 잘 설명하고 있습니다. 베르누이의 정리는 유체역학의 기본법칙 중 하나이며, 1738년 D.베르누이가 발표했습니다. 유체는 좁은 통로를 흐를 때 속력이 증가하고 넓은 통로를 흐를 때 속력이 감소합니다. 유체의 속력이 증가하면 압력이 낮아지고, 반대로 감소하면 압력이 높아지는데, 이것을 베르누이의 정리라고 합니다. 압력이 커지면 대기압이 유리관 속의 물기둥을 더 세게 누르므로 물기둥의 높이가 낮아지고, 압력이 낮아지면 대기압이 유리관 속의 물기둥을 약하게 누르므로 물기둥의 높이는 높아집니다. 따라서 유속이 빠를수록 압력이 낮고, 유속이 느릴수록 압력이 높아지므로 압력을 측정하면 유속을 알 수 있습니다.

 압력을 측정하면 압력이 높은 쪽에서 낮은 쪽으로 물을 밀어

내겠군요. 물의 속도를 빠르게 하려면 호스의 입구와 출구의 크기가 다른 긴 호스를 연결하면 효과를 볼 수 있겠군요.

그렇습니다. 아기 동상 내부에서 물이 나오기 시작하는 수도 꼭지의 입구는 크기가 큰 호스를 연결하고 아기의 오줌이 나오는 출구 쪽은 입구가 작은 호스를 연결하여 물이 흘러가도록 하면 물의 속도가 빨라지고 그만큼 물줄기가 센 오줌을 누게 할 수 있습니다. 또한 이것은 입구가 굵으면 물의 속도가 느리고 입구가 좁으면 물의 속도가 빠른 반비례 관계에 있음을 알 수 있기 때문에 결과적으로 물이 흐르는 단면적과 물의 속도의 곱이 일정함을 의미합니다. 이것을 연속방정식이라고 하지요.

이처럼 동상을 만들 때 그 쓰임이 무엇인지 미리 알았더라면 놀러와 마을에 꼭 필요한 동상을 만들어 주고 업체의 이미지도 한층 높일 수 있었을 텐데 아쉽군요. 업체 측에서 동상 제작을 엉터리로 하는 바람에 이리와 공원이 관광지로서 유명해지기 힘들게 되었으므로 동상을 다시 만들어 줄 것을 요구합니다.

입구와 출구의 크기가 다른 호스를 이용하여 물줄기의 세기를 높일 수 있음을 알았습니다. 동상이 제 구실을 못하는 이유는 동상을 제작하는 데 있어서 그 쓰임새를 파악하지 못한 업체에 책임이 있다고 봅니다. 따라서 업체는 이리와 공원의 동

상을 다시 제작해 주거나 환불을 해 줄 의무가 있습니다. 이상 재판을 마치도록 하겠습니다.

재판 후 놀러와 마을에서는 동상을 다시 제작해 줄 것을 요청했고 업체는 마을에 어울리는 동상을 정성껏 다시 만들어 세워 주었다. 그러자 사람들이 하나 둘씩 놀러와 마을에 놀러 오기 시작했다.

 압력

물체가 어떤 면에 작용하는 힘을 힘이 작용하는 면적으로 나눈 값을 압력이라고 부른다. 그러므로 압력의 단위는 힘의 단위인 N을 면적의 단위인 ㎡로 나눈 N/㎡이다.

옹만과 진공의 대결

진공 상태인 두 반구를 떼어낼 수 있는 방법은 무얼까요?

장사 마을에서는 매년 '철인 대회'가 열렸다. 마을에서 힘이 세다는 청년들 중에는 철인이 되기 위해서 일 년을 꼬박 운동을 하며 준비하는 사람들도 있었다. 철인이 되면 각종 운동 경기는 물론 마을을 대표하는 자격이 주어졌다.

"이번 대회에서도 또 포동이가 1등하겠지?"

"그렇겠지. 벌써 삼 년째 최고의 자리를 지키고 있잖아."

"모르지. 옹만이도 힘이 엄청 세다는데? 이번에 첫 출전이니까 길고 짧은 건 대 봐야 아는 거잖아?"

옹만이는 올해 스무 살이 되어 처음으로 대회에 출전할 자격이 주어졌다. 어렸을 때부터 또래 아이들보다 몇 배는 힘이 세고, 키도 몇 뼘은 차이가 날 정도로 대단한 장사였다. 고등학교 때부터 대회에 참가하고 싶었지만 나이가 어리다는 이유로 거절당했었다. 몇 년 동안 그는 철인이 되기 위해서 누구보다 열심히 준비해 왔었다.

"옹만아!"

"포동이 형! 오랜만이야."

"너도 이번 철인 대회 나가는 거야?"

"당연하지! 내가 얼마나 나가고 싶었는데……."

"녀석! 철인은 아무나 되니? 나 정도는 되어야지. 하하하!"

"그건 모르는 거잖아. 길고 짧은 건 대 봐야 알지."

"그래! 뭐, 이따 보자!"

강포동 씨는 '힘'으로는 둘째가라면 서러울 정도로 힘이 셌다. 지난 삼 년 동안 그는 단 한 번도 철인의 자리를 물러난 적이 없었다. 모든 경기마다 만점을 기록하며 진정한 철인으로서의 명성이 자자했다. 하지만 그도 옹만이의 출전이 왠지 모르게 신경이 쓰이는 것이 사실이었다.

"포동아! 너 옹만이 봤어?"

"응, 좀 전에 대기실에서……."

"걔 완전 이번 대회에 목숨을 걸었나 봐. 몸이 아주 불끈불끈 장난이 아니더라."

"그냥 그렇던데 뭐……."

"오랜만에 제대로 된 경기 좀 보겠는걸! 너도 긴장되지?"

"아니! 내가 그 어린 녀석한테…… 참나! 하룻강아지 범 무서운 줄 모르는 꼴이지."

"글쎄, 누가 범이고 하룻강아지인지는 이따가 알 수 있겠지."

"뭐라고?"

포동이는 장난치는 응삼이의 팔을 꽉 잡았다.

"아, 아니! 그냥 농담이야. 당연히 네가 범이지."

그제야 포동이는 힘을 풀었다.

"너 왜 이렇게 발끈하냐?"

"발끈은 무슨! 네가 쓸데없는 소리를 하니까 그렇지."

"아무튼 사 년 연속 철인! 기대한다."

"알았어."

응삼이는 응원을 하고 관중석으로 돌아갔다. 행사 진행 요원이 포동이에게 다가왔다.

"여기 계셨네요. 다들 대기실에 있는데, 어서 오세요. 곧 시작합니다."

"네."

사뭇 긴장한 포동이는 애써 웃음을 지으며 대기실로 갔다. 옹만이는 준비 운동을 하며 몸을 풀고 있었다.

"자! 드디어 우리 마을의 얼굴! 철인 경기를 시작하겠습니다. 다섯 명의 선수들은 무대로 나와 주세요."

"와아아~!"

건장한 체격을 자랑하는 다섯 명의 청년들이 무대 뒤에서 나왔다. 사람들은 환호성을 지르기 시작했다.

"먼저! 첫 번째 관문은 '매운 고추 먹기' 대회입니다. 남자는 딱 세 번 울어야 합니다. 태어날 때! 부모님이 돌아가셨을 때! 그리고 나라에 큰일이 닥쳤을 때! 고추가 아무리 매워도 눈물을 흘려서는 안 됩니다. 아시겠죠? 자, 그럼 자신의 앞에 놓여 있는 고추를 하나 씩 집어 들겠습니다."

다섯 명의 도전자들은 고추를 집어 들었다. 코에 가까이 갖다 대 자 매운 향이 코를 찔렀다.

"윽!"

"여러분! 이 고추들은 정말 매운 고추들입니다. 포기하실 분은 지 금이라도 늦지 않았습니다."

"……."

아직 매운맛을 못 본 터라 아무도 포기하지 않았다.

"저라면 매운맛을 보기 전에 일찌감치 포기할 텐데 역시 도전자 들답습니다. 그럼 1분 동안 누가 더 매운 고추를 많이 먹는지 시작 하겠습니다. 규칙은 절대 울면 안 됩니다. 준비~! 시~작!"

다섯 명은 정신없이 고추를 먹어 대기 시작했다. 옹만이와 포동이 는 눈에 불을 켜고 고추를 입에 넣었다. 마치 씹지도 않고 삼키는 것 같았다.

"으악! 퉤!"

"매워. 흑흑흑!"

"엄마야!"

나머지 세 명의 도전자들은 고추를 대여섯 개 정도 먹더니 울음을 터뜨리며 무대 뒤로 뛰쳐나갔다. 하지만 옹만이와 포동이는 눈물 한 방울 흘리지 않은 채 고추를 열심히 먹었다.

"이제 그만!"

사회자의 말에 두 사람은 동작을 멈추었다.

"정말 대단합니다. 우리 포동 선수는 역대 철인이라 그런지 역시! 그리고 옹만 선수는 몇 년 동안 이날을 위해 준비했다고 들었는데요. 대단합니다. 그럼 두 사람이 먹은 고추는 몇 개일까요?"

도우미들이 두 사람이 먹고 남긴 고추의 개수를 세었다. 그리고 종이에 적어 사회자에게 건네주었다.

"네, 결과는 355개로 동점입니다. 이야~! 이 두 사람은 어떻게 그 매운 고추를 거의 1초에 하나씩 먹을 수 있었을까요? 아무튼 무승부입니다. 그렇다면 두 번째 경기는 바로 이것입니다."

사회자의 말이 끝나기가 무섭게 무대 위에 커다란 얼음 두 판을 올려놨다.

"지금 고추 때문에 땀이 뻘뻘 나시는데요. 그 땀을 꽁꽁 얼려 버릴 얼음입니다. 일명 얼음 위에서 버티기! 경기는 간단합니다. 두 사람이 동시에 얼음 위에 올라간 뒤 먼저 내려오는 사람이 탈락입니다. 아시겠죠?"

옹만이와 포동이는 주먹을 불끈 쥐고 얼음 위로 올라갔다. 관중들은 일순간 고요해졌다. 덩치 큰 두 청년이 얼음 위에서 과연 얼마나 버틸지 초미의 관심사였다. 지금의 기세로 봐서는 얼음이 다 녹을 때까지 둘 다 내려오지 않을 것처럼 보였다.

"이야! 정말 두 선수 무섭습니다. 얼굴 표정 하나 변하지 않고 미동도 하지 않고 있습니다. 과연 철인답습니다."

시간이 흘러 몇 분이 지났다. 하지만 두 선수는 동상처럼 아무런 반응이 없었다. 단지 서로의 눈을 바라보며 불꽃 튀는 눈싸움만 하고 있었다.

'옹만이 저 녀석! 도대체 언제 내려갈 거지? 점점 발에 감각이 없어지고 있어.'

'포동이 형, 날 얕보지 말라고! 이번 철인은 나라고!'

한참이 지나서야 포동이 한숨을 쉬며 먼저 얼음 아래로 내려왔다. 분한 마음이 들었지만 더 이상 얼음 위에서 단 일 초도 버틸 수 없었다. 그는 옹만이에게 패배를 인정할 수밖에 없었다.

"와아~~~!"

오랜 시간 끝에 승부가 나서 그런지 지루함에 지친 관중들은 일단 끝이 나자 소리를 질렀다.

"드디어 새로운 철인이 탄생했습니다. 우리 채옹만 군! 정말 대단한 선수입니다."

"잠깐!"

심사위원석 가운데 한 중년의 남자가 손을 들었다.

"아직 옹만 선수는 철인이 아닙니다. 단지 포동 선수를 이겼다고
해서 철인이 되는 건 아니지요. 마지막 관문을 통과해야겠죠?"

남자는 공처럼 보이는 물건을 들고 무대로 올라왔다. 사람들은 모
두 그와 공을 번갈아가며 바라보았다.

"이것은 두 개의 반구를 붙여 놓은 것입니다. 이 반구를 떨어지게
하면 철인 타이틀은 물론! 나의 전 재산을 옹만 선수에게 주도록 하
지요."

남자는 다름 아닌 장사 마을의 최고 갑부였던 돈마나 씨였다.

"어머! 옹만이 경사 났네!"

"그러게! 철인 옹만이가 저거 하나 못할까 봐?"

관중들은 이미 옹만이가 성공이라도 한 듯 박수를 치며 부러운 시
선을 보냈다. 옹만이도 웃으며 공을 받아들었다. 그리고 두 반구를
떨어뜨리기 위해 힘을 주었다.

"어라?"

생각처럼 두 반구는 쉽게 떨어지지 않았다. 사람들은 기대와 달리
끙끙대는 옹만이를 보자 모두들 당황했다. 돈마나 씨는 의미심장한
미소를 띠며 옹만 선수를 바라보았다.

"자네가 정말 우리 마을의 철인이란 말인가?"

"잠깐만요! 시간을 더 주세요."

"됐어요! 시간은 더 필요하지 않습니다. 당신은 절대 두 반구를 떼어낼 수 없습니다."

"쳇, 이봐요! 지금 저랑 장난하십니까? 여러분! 돈마나 씨는 두 반구를 접착제로 붙여 놓고는 저에게 굴욕을 주려고 합니다. 저는 돈마나 씨를 법정에 고소하겠어요!"

옹만이의 말에 마을 사람들도 모두 고개를 끄덕였고, 결국 돈마나 씨는 며칠 뒤 두 반구를 들고 물리법정에 서야 했다.

두 개의 반구는 공기의 압력으로 인해 공 안쪽 방향으로 강한
힘을 받게 됩니다. 이때 공기가 두 개의 반구를 누르는 힘보다
더 큰 힘으로 작용해야 두 반구가 떨어지게 됩니다.

옹만이는 왜 두 개의 반구를 떼지 못했을까요?
물리법정에서 알아봅시다.

 재판을 시작합니다. 먼저 원고 측 변호사 변론하세요.

 두 개의 반구는 합쳐서 하나의 구가 됩니다. 그런데 이것이 접착제를 사용하지 않았다면 누구나 쉽게 둘로 뗄 수 있어요. 특히 천하장사의 힘을 가진 옹만 군에게는 너무 쉬운 일이 되겠지요. 그런데 옹만 군이 반구를 떼지 못했다는 것은 이 반구가 초강력 접착제로 붙어 있다는 것을 말하므로 이 게임은 사기라고 주장합니다.

 피고 측 변론하세요.

 진공 연구소의 고리쿠 박사를 증인으로 요청합니다.

고리타분한 복장에 점잖은 얼굴을 한 50대의 남자가 증인석으로 들어왔다.

 왜 두 개의 반구를 천하장사 옹만 군이 둘로 뗄 수 없었던 거죠?

 제가 조사한 바로는 두 반구 사이에는 공기가 없습니다. 즉 진공이지요.

 진공이 되면 뭐가 달라지나요?

 속이 진공이 되었을 때는 두 반구를 떨어뜨려 놓기가 힘듭니다. 그것은 바로 공기의 압력인 대기압 때문입니다. 두 개의 반구 속에 공기가 채워져 있을 때는 공 밖의 공기가 공을 누르는 압력과 공 안의 공기가 공을 누르는 압력이 같습니다. 그러므로 분리된 두 개의 반구는 쉽게 떨어질 수 있는 것이지요. 하지만 두 개의 반구 속이 진공인 경우 상황은 달라집니다. 이때는 공 밖의 공기가 두 개의 반구를 미는 압력은 있지만 공안에 공기가 없으므로 반구를 바깥으로 밀쳐 내는 힘은 존재하지 않습니다. 그러므로 두 개의 반구는 공기의 압력으로 인해 공 안쪽 방향으로 강한 힘을 받게 됩니다. 이때 두 개의 반구를 떨어뜨리기 위해서는 공기가 두 개의 반구를 누르는 힘보다 더 큰 힘이 반대 방향으로 작용해야 합니다.

 어느 정도의 힘이면 두 반구를 떼어 놓을 수 있지요?

 말 열여섯 마리가 두 개의 반구를 서로 반대 방향으로 잡아당기면 떨어질 수 있습니다.

 판결합니다. 우선 놀랍습니다. 공기가 없는 진공의 힘이 이렇게 크다는 것을 처음 알았습니다. 아무튼 두 반구는 접착되어 있는 것은 아니므로 이번 게임은 정당하다는 것이 본 재판부의 입장입니다.

재판이 끝난 후 옹만은 그동안 힘만 키우느라 과학적 지식을 쌓지 못한 자신에 대해 반성했다. 대회가 끝난 후 옹만은 깔끔하게 결과를 인정하고 과학 공부를 해 보겠다고 다짐하여 마을 사람들을 놀라게 했다.

 괴리케

진공의 존재를 처음 생각한 사람은 갈릴레이고 그 후 괴리케는 유리관에서 공기를 빼내 진공 상태를 만들 수 있는 진공 펌프를 발명하여 진공 속에서는 불꽃이 꺼지고 소리가 들리지 않는다는 것을 알아냈다.

공짜 일기 예보

놋쇠관 속의 인형을 보고 그날의 날씨를 알 수 있다고요?

오늘은 대체로 맑겠지만 곳에 따라 눈이나 비가 오는 곳도 있겠고, 바람이 부는 곳도 있겠습니다. 바다의 물결은 먼 바다는 높게 일겠고 해안가에는 잔잔하겠으나 곳에 따라 약간 파도가 높겠습니다. 날씨였습니다.

텔레비전 앞에 모여 있던 사람들은 일기 예보가 끝나자 각자 위치로 돌아갔다.

"정말이지 이건 너무 말도 안 돼! 우리처럼 바닷가에 살면서 뱃일하는 사람들한테는 일기 예보가 생계랑 밀접한 건데 비싼 시청료 때문에 한 마을 사람들이 죄다 한곳에 모여 본다는 게 너무한 거 아닌가?"

"그러게 말이야. 갯벌에서 일하다가도 일기 예보하는 시간이 되면 삼십 분 가까이 이장 집까지 걸어가서 일기 예보를 봐야 한다는 게 정말 불만스러워. 시청료가 한 번 볼 때마다 100달란이라니, 어휴! 칼만 안 들었지 강도가 따로 없다니까!"

해안 마을 사람들은 비싼 일기 예보 시청료로 인해 많은 불편함을 겪어야 했다. 하루 일당에 가까운 시청료를 내는 것은 무리였기 때문에 마을 이장 집에서 모여서 봐야 했고, 매달 돈을 걷어야만 했다.

"오늘은 날씨가 맑을 거라니까 오징어나 바짝 말려야겠어."

"똘이네는 좋겠어. 이번에 오징어가 풍년이라는데."

"응삼이네도 뭐 마찬가지지 뭐."

"그래도 일기 예보 시청료 내고 나면 얼마 안 남아."

일기 예보를 보고 똘이 엄마와 응삼이 엄마는 한숨을 내쉬며 집으로 돌아가는 길이었다.

"아, 아, 마이크 테스트! 하나, 둘, 셋! 여러분! 저는 마을 이장 나반장입니다. 우리 마을 긴급회의를 소집하려고 하는데 거…… 뭐냐…… 그니까……."

"마이크 줘 봐요, 내가 할게. 아, 여러분! 저는 부녀회장 왕뚝순입니다. 아주 중요한 일이오니 모두들 마을 회관으로 모여 주시기 바랍니다. 이상입니다."

"똑순 여사! 참, 말 잘하네~!"

마을 사람들은 어수선한 방송을 듣고, 마을 회관에 하나 둘씩 모여들었다.

"저기 다름이 아니라 우리 마을의 일기 예보에 관해서 회의를 해야 할 것 같습니다."

마을 이장은 앞에 서서 또박또박 말했다. 그러자 청년회장이 손을 들었다.

"일기 예보 문제는 매일같이 우리가 불만을 말했었는데 뭐 딱히 방법이 없지 않습니까? 그런데 무슨 회의를 한다고 그럽니까?"

이에 대해서 마을 사람들도 모두들 고개를 끄덕이며 청년회장의 말에 동의했다. 지난 몇 년 동안 일기 예보의 비싼 시청료로 인해서 여러 번 대책 회의를 해 왔지만 결론은 마을 대표 텔레비전을 통해 다 같이 모여 보는 것이었다.

"그게 아닙니다. 우리 마을의 현명한 씨께서 기발한 방법이 있다고 해서 긴급회의를 열게 된 것입니다. 현명한 씨!"

그때 문을 열고 들어오는 한 남자가 있었다. 덥수룩한 수염을 기르고 안경을 낀 중년의 남자였다.

"여러분! 저는 현명한이라고 합니다. 저를 처음 보시는 분이 많을 것입니다. 저는 지난 십 년 동안 집 밖으로 나온 일이 없습니다. 오직 연구와 실험만이 저의 인생이었으니까요. 서론은 여기까지 하고! 본론을 말하겠습니다. 제가 여러분들의 근심을 해결할 수 있는 방법을 알아냈습니다."

그의 말에 사람들의 눈은 금세 반짝거리기 시작했다.

"바로! 일기 예보를 대신할 기구를 발명했습니다. 이제 더 이상 비싼 시청료를 내지 않아도 된다는 것입니다."

"네?"

사람들은 수군거리기 시작했고 믿을 수 없다는 눈치였다. 이에 현명한 씨는 바로 설명을 하기로 했다.

"믿지 못하시겠지만 사실입니다. 다 같이 이 건물 3층 위로 올라가 봅시다. 거기에 제가 발명한 일기 예보 장치가 설치되어 있습니다."

현명한 씨는 위풍당당한 걸음으로 사람들을 이끌며 앞장섰다. 사람들은 조금 어리둥절했지만 일단 그를 따라 올라가 보기로 했다.

"여기 바로 이 장치입니다."

"엥?"

"이게 뭐야?"

장치는 간단해 보이기도 하고 허술해 보이기도 했다. 현명한 씨는 사람들을 다시 집중시켰다.

"여러분! 이 장치에 대해서 설명하겠습니다. 이 장치는 길이가 10m인 놋쇠로 만든 관을 설치했습니다. 이 관의 위쪽 끄트머리에는 가늘고 긴 관을 가진 플라스크가 거꾸로 매달려 있고, 아래쪽 끄트머리는 물을 가득 채운 원통에 꽂혀 있습니다. 그리고 관 속에 있는 물에 사람 모양을 한 인형을 띄워 놓았습니다. 놋쇠관은 투명하지 않아 물의 높이가 10m보다 낮을 때는 사람들이 인형을 볼 수 없지만 물의 높이가 10m보다 높아지면 사람들은 인형을 볼 수 있습니다."

사람들은 아직도 이해가 가지 않는 듯 미심쩍은 눈치였다.

"여러분! 간단히 다시 설명을 하자면 인형이 보이지 않는 날은 영락없이 흐린 날, 인형이 잘 보이는 날은 맑은 날이라는 것입니다. 지금 날씨가 어떻습니까?"

"맑아요."

부녀회장은 작은 목소리로 나지막하게 대답했다.

"그럼 인형은 보입니까?"

"네."

"이제 제 말을 믿으시겠습니까?"

사람들의 얼굴에는 이내 미소가 가득 번졌다. 더 이상 비싼 시청료를 내지 않고도 날씨를 알 수 있다는 것이 믿기지 않았다.

"세상에! 정말 신기해!"

마을 사람들은 곧장 방송국에 전화를 해서 일기 예보 방송을 보지 않겠다는 통보를 하기로 했다.

"여보세요?"

"네, 일기 방송국입니다."

"나, 해안 마을 이장입니다."

"예, 이장님! 일기 예보는 잘 보고 계시죠? 이번 달 시청료는······."

"이제 더 이상 우리 마을은 일기 예보를 시청하지 않을 것입니다."

"네?"

"그럼 알아들은 걸로 알고 이만 끊겠습니다."

"이장님!"

'뚜우! 뚜우!'

이에 방송국에서는 적잖게 당황해했다.

"이게 어떻게 된 거야? 해안 마을에서 일기 예보 방송을 보지 않겠다니! 우리 단골 고객들인데······. 김 피디! 자네가 가서 알아보게."

"네, 알겠습니다."

김 피디는 당장 해안 마을로 향했다. 마을 입구에서 한 꼬마 아이를 만날 수 있었다.

"꼬마야! 혹시 사람들이 날씨를 어떻게 아는지 아니?"

"그거야 인형을 보면 알 수 있죠."

"인형?"

"아저씨, 아직도 몰라요? 음~! 오늘은 인형이 안 보이니까 흐린 날이에요."

김 피디는 아이의 말을 도무지 알아들을 수 없었다. 작은 구멍가게에 들어가 자초지종을 들을 수 있었다.

"현명한 씨 덕분에 우리 마을 사람들이 비싼 시청료를 내지 않아도 된답니다. 호호호! 정말 고마운 분이에요."

"아! 그렇군요."

김 피디는 곧장 방송국으로 달려왔다. 그의 말을 들은 방송국장은 얼굴이 붉으락푸르락 변했다.

"뭐라고? 그런 말도 안 되는 일이……. 그건 우연의 일치겠지! 그깟 인형으로 날씨를 알 수 있다고? 그 현명한이라는 사람 때문에 우리가 시청료를 못 받다니, 가만둘 수 없어!"

방송국장은 이에 현명한 씨를 상대로 물리법정에 고소했다.

공기 분자들은 밀도가 높은 곳에서 낮은 곳으로 이동합니다.
기압이 낮은 곳으로 수증기를 포함한 공기들이 몰려들고
그 공기들이 증발하여 구름을 만드는 겁니다.

왜 인형이 보이면 맑은 날일까요?
물리법정에서 알아봅시다.

 재판을 시작합니다. 먼저 원고 측 변론하세요.

 기상 예보는 장난이 아닙니다. 아무나 하는 게 아니라 특별한 기상 장비를 갖춘 곳에서만 가능한 일이지요. 그런데 현명한 씨가 자기가 뭐가 그리 현명하다고 인형 하나로 날씨가 맑고 흐린 것을 맞춘다는 것인지 정말 이해할 수가 없습니다. 그러므로 현명한 씨는 당장 엉터리 기상 예보를 중단해야 할 것입니다. '약은 약사에게 기상 예보는 기상 예보관에게' 이런 말도 있잖아요?

 처음 듣는 말인데, 아무튼 이번에는 피고 측 변론하세요.

 무료 기상 예보로 시민들에게 도움을 준 현명한 씨를 증인으로 요청합니다.

얼굴만 봐도 현명함이 철철 넘쳐흘러 보이는 30대의 남자가 증인석으로 들어왔다.

 어떤 원리로 예보를 한 거죠?

 공기는 무게가 있는 공기 분자들로 이루어져 있습니다. 그리고 지구를 둘러싼 공기를 대기라고 부르지요. 비록 공기가 기체 상태이지만 무게를 가지고 있기 때문에 지구에 사는 사람들을 누르는 힘이 작용하게 됩니다. 이때 대기가 단위 면적당 작용하는 힘은 압력이 되는데 이것을 대기압이라고 부르지요. 그런데 공기는 끊임없이 움직이고 있어서 시간과 장소에 따라 그 밀도가 달라져요. 그러니까 시간과 장소에 따라 사람이나 물체를 누르는 힘이 달라진다는 얘기죠.

 그것과 날씨가 무슨 관계가 있죠?

 저는 물통에 물을 채워 놓고 물통에 10m 길이의 놋쇠관을 꽂았어요. 그러면 대기압이 물통의 물을 누르기 때문에 놋쇠관을 따라 물이 올라가지요. 그런데 주위에 공기의 밀도가 높으면 물통의 물을 누르는 압력이 커져 놋쇠관을 따라 물이 더 많이 올라가고 공기의 밀도가 작으면 물의 높이가 낮아지지요. 그래서 나는 물기둥의 높이가 10m일 때를 1기압이라고 하고 이보다 높으면 대기압이 1기압 이상, 이보다 낮으면 1기압 이하라고 하여 기압이 1기압보다 높으면 날씨가 맑고, 1기압보다 낮으면 흐리다고 예보한 거죠.

 기압이 낮으면 왜 날씨가 흐리죠?

 기압이 낮으면 공기의 밀도가 낮은 것입니다. 그런데 공기 분자들은 밀도가 높은 곳에서 낮은 곳으로 이동하는 성질이 있어요. 그러므로 기압이 낮은 곳으로 주위의 수증기를 포함한 공기들이 몰려들게 되고 그 공기들이 증발하여 구름을 만드니까 날씨가 흐려지는 거죠.

 판사님, 완벽한 장치죠?

 그런 것 같습니다. 저 정도의 과학적인 기상 예보 장치라면 현명한 씨가 그 장치를 계속 유지하는 것이 해안 마을 사람들의 행복을 위해 좋다고 생각하므로 현명한 씨에겐 아무런 잘못이 없음을 판결합니다.

재판이 끝난 후 기상 예보 장치에 대한 소문을 들은 다른 마을에서도 현명한 씨에게 기상 예보 장치를 달아 달라고 부탁했다. 그렇게 마을이 점점 기상 예보 장치로 방송을 시청하지 않자 시청료를 내려 줄 테니 제발 일기 예보 방송을 시청하라고 방송사 측에서 애원하는 지경에 이르게 되었다.

 태풍

모든 물질은 밀도가 높은 곳에서 밀도가 낮은 곳으로 움직이려는 성질이 있다. 태풍이 생기는 것도 여름 동안 더워진 바닷물 위의 공기의 밀도가 작아 주위의 공기들이 몰려들기 때문이다.

파스칼 원리의 예

치약의 밑 부분을 누르면 파스칼의 원리에 따라 그 압력이 튜브 속의 치약 전체에 똑같이 전달됩니다. 뚜껑이 열려 있다면 내부의 압력에 의해 치약이 밖으로 나오게 되지요. 병원에서 주로 쓰는 식도에 걸린 음식물을 꺼내는 응급 처치 방법도 마찬가지입니다. 식도에 걸린 음식물을 꺼내기 위해 우선 환자의 배를 강하게 누릅니다. 그럼 파스칼의 원리에 따라 배를 누르는 압력이 사람 내부에 전달되며 음식물이 입 밖으로 나오게 되는 것이지요.

우리 주변에서는 이 밖에도 파스칼의 원리를 많이 이용하고 있습니다. 우선 큰 힘을 필요로 하는 유압 시스템의 핵심 요소가 바로 파스칼의 원리입니다. 유압 시스템은 가는 부분과 굵은 부분이 있는 금속으로 된 관에 유체가 들어 있는 것입니다. 금속관의 가는 부분에 있는 유체를 많이 밀어도 굵은 부분의 유체는 조금밖에 움직이지 않아야 하지만, 파스칼의 원리에 의해 압력은 똑같이 전해지므로 가는 부분을 작은 힘으로 밀어도 굵은 부분에서는 큰 힘이 생기게 되는 것입니다. 이 유압 시스템을 이용해 비행기의 날개를 움직이거나, 아주 무거운 물체를 들 수도 있습니다. 자동차 정비소에

서 수리를 위해 자동차를 들어 올릴 때, 지하철의 문을 열고 닫을 때에도 이 유압 시스템을 씁니다.

헬륨 풍선을 실은 차가 갑자기 출발하면 풍선은 어디로 움직일까요?

차가 갑자기 출발하면 차에 탄 사람은 관성에 의해 뒤로 쏠리는데 헬륨을 채운 풍선은 앞으로 쏠리게 됩니다. 그리고 브레이크를 밟으면 사람은 앞으로 쏠리는데 풍선은 뒤로 쏠립니다. 왜 그럴까요?

헬륨이 들어 있는 풍선은 위로 향하는 부력을 받는데, 그 힘의 크기는 아르키메데스의 원리에 의해 풍선의 부피만한 공기의 무게와 같아요. 그런데 헬륨은 공기보다 가벼우므로 이 부력의 크기가 풍선의 무게보다 더 큽니다. 따라서 중력과 반대 방향으로 뜨는 것이죠. 한편 차가 앞으로 가속될 때 차 안에 있는 물체는 관성 때문에 차의 가속 방향과 반대 방향, 즉 뒤쪽으로 힘을 받습니다. 차가 급정거할 때는 차 안의 물체는 앞으로 쏠리게 됩니다. 따라서 헬륨 풍선도 버스에 탄 사람과 마찬가지로 차가 갑자기 출발하면 관성에 의해 뒤로 쏠리려고 하지만 버스 안에는 헬륨보다 무거운 공기로 가득 채워져 있고, 이 공기는 헬륨보다 무거운 만큼 관성이 더 커서 공기가 헬륨 풍선보다 더 먼저 뒤로 쏠리는 바람에 밀쳐진 헬륨 풍선은 앞으로 쏠리게 됩니다.

배에서 다이빙하면 수면이 높아질까요?

호수 위에서 배에 탄 채로 바위를 호숫가 뭍으로 던지면 호수 면이 낮아집니다. 보트의 무게가 바위를 호숫가로 던져 내고 나면 가벼워지기 때문에 보트가 위로 떠오르고 물 대신 차지하는 부피가 줄어듭니다.

하지만 바위를 호수에 던져 넣으면 어떻게 될까요? 바위가 배 안에 있을 때는 전체 무게와 동일한 양의 물을 밀어내게 됩니다. 바위가 호수 바닥에 있을 때는 바위의 부피만큼만 물을 밀어냅니다. 이때 밀려나는 물의 부피는 바위가 보트에 있을 때 그 무게가 만들어내는 부피보다 작습니다. 또 보트도 위로 떠오르게 되지요. 따라서 커다란 바위를 싣고 있다가 작은 호수에 던지면 수면은 낮아집니다.

베르누이 원리에 관한 사건

컨테이너 작업실

태풍이 불면 대기압까지 흔들린다고요?

유난히 식구가 많은 5남매집이 있었다. 5남매 중에 셋째 딸만 결혼을 안 하고 나머지는 모두 결혼하고 아이들까지 낳아서 식구가 많아졌다. 가족 모두 한 집에서 부모님과 함께 살고 있었다. 그중 셋째 딸인 노처녀 씨만 서른이 넘도록 결혼을 하지 않았다.

"넌 도대체 결혼을 언제 하려고 그러니?"

"그건 또 왜 물어봐? 스트레스 받게!"

"어머, 너 또 히스테리 부린다~!"

"난 내 일과 결혼했어."

"무명작가면서……."

"지금 진짜 재밌는 거 만들어 내고 있어. 기대해! 내가 그 무명작가란 소리 못하게 만들 테니깐!"

작가인 노처녀 씨는 아직 잘나가는 작가는 아니지만 요즘 한창 재미있는 소설을 쓰고 있는 중이었다. 하지만 노처녀 씨의 방은 이제 한창 유치원 다니는 애들이 있는 넷째 딸 방 옆이었다. 그래서 노처녀 씨가 집중하고 소설을 쓰려고 방에 앉을라치면 옆방에서 애들끼리 총싸움하는 소리, 텔레비전 소리, 서로 싸워 우는 소리가 다 들릴 정도였다.

"이모~! 놀아 줘."

"이모 지금 작업하는 거 안 보이니?"

"안 보여, 놀아 줘~!"

"하루 종일 떠드는 소리에다가 놀아 달라고 하기까지……. 정말 이젠 작업실을 얻든가 해야겠다."

"안 들려~! 놀아 줘~!"

"어휴~!"

그래서 노처녀 씨는 좀 더 좋은 작품을 위해 작업실을 얻기로 마음먹었고, 집 근처에 방을 하나 구해서 작업실로 꾸미면 되겠다 싶어서 이 생각을 부모님께 얘기했다.

"방 하나 구해서 작업실로 쓰려고 하는데 좀 도와주세요."

"결혼도 안 했는데 어딜! 그냥 여기서 해."

"그래도 너무 시끄럽단 말이에요."

"그 정도는 다 참고 살아야지. 안 돼! 네 결혼 자금 준비도 빠듯하다."

노처녀 씨가 결혼을 안 하고 있는 게 항상 부모님의 걱정이었다. 그런 노처녀 씨가 또 밖에서 일만 하면 남자를 만날 것 같지도 않아서 애초에 도와주려고 하지 않으셨다. 노처녀 씨가 따로 모아 둔 돈으로 방을 얻기엔 턱없이 부족했다. 그렇게 고민하던 노처녀 씨는 우연히 신문 광고를 보게 되었다.

개인 공간이 없어서 고민이시라고요? 여기 심수미의 간장, 꽃게장만큼이나 인기 있게 팔리고 있는 컨테이너가 있습니다. 공부, 작업 모두 가능합니다! 저렴한 가격으로 모시겠습니다!

노처녀 씨는 적당한 공간만 있으면 외관을 집처럼 만들어 주는 컨테이너 값이 방을 구하는 비용에 비해 절반도 안 된다는 광고를 유심히 살펴보았다. 노처녀 씨는 생각 끝에 자신이 가지고 있는 돈만으로도 충분히 해결되겠다 싶어서 얼른 컨테이너 사무실로 갔다. 컨테이너를 세우고 그 안에 작업실처럼 꾸미면 되겠다는 생각이었다.

"저기, 컨테이너 하나 세우려고 왔는데요."

"아, 죄송합니다. 요즘 인기가 있어서 완벽한 컨테이너는 다 나갔네요."

컨테이너가 없다는 소리를 들은 노처녀 씨는 '그럼 이제 영영 따로 작업실을 얻을 수는 없는 것인가' 하면서 한숨을 푹푹 내쉬고 있었는데 직원이 솔깃한 제안을 내놓았다.

"사실 하나가 있긴 있어요. 하지만 지붕이 없다는 거~!"

"지붕 없는 곳에서 어떻게 살아요?"

"제가 거기에다가 뚜껑을 얹어 줄게요."

뚜껑이 없다는 게 조금 흠이기는 하지만 그래도 따로 뚜껑을 얹어 준다면 비도 안 새고 괜찮을 것 같았다. 무엇보다도 시끄러운 소리가 안 들린다는 것만으로도 만족스러웠던 찰나였다.

"아! 그래도 조금 곤란한데요."

노처녀 씨가 누구더냐. 결혼은 하지 않았지만 아줌마 정신으로 똘똘 무장하고서 콩나물 값 깎듯이 컨테이너 가격을 조금이라도 깎기 위해 연기를 했다.

"그러면 제가 10% 할인해 드릴게요."

노처녀 씨의 실감 나는 연기에 넘어간 직원이 가격을 깎아 주었고 노처녀 씨는 싼 가격에 컨테이너를 얻을 수 있어 매우 기뻐했다. 컨테이너를 산다고 돈을 거의 다 써 버린 노처녀 씨는 마을에서 제일 땅값이 낮다는 소각장 가까운 곳에 컨테이너를 세우게 되었다. 문을 모두 닫으면 소각장에서 나오는 연기는 들어오지 않기 때문에 별 문제 없을 거라 생각한 것이다. 그렇게 얻은 컨테이너는 제법 그럴싸했고 애들이 없어서 그런지 조용하게 작업을 할 수 있었다. 노처녀 씨는 정말 잘 먹지도 않고 잘 씻지도 않으면서 소설 쓰는 일에만 집중할 수 있었다. 몇 달이 지난 후 노처녀 씨는 소설을 하나 완성하게 되었다.《할리포터》라는 제목의 소설이었다.

"이야~! 이건 정말 베스트셀러감이야. 해리포터 저리 가라인데~!"

노처녀 씨는 자신감을 가지고 일단 이 원고의 일부를 출판사에 보냈고, 얼마 후 출판사로부터 전화가 왔다.

"책팔아 출판사입니다. 원고를 받았는데 내용이 너무 재미있던걸요. 전체 내용도 괜찮다면 출판 계약을 했으면 좋겠는데요. 내일까지 전체 원고를 주셨으면 좋겠습니다."

"아, 정말요? 알겠습니다! 내일 갖다 드리겠습니다."

노처녀 씨는 전화를 끊자마자 좋아서 팔짝팔짝 뛰었다.

"이제 무명작가 노처녀는 없다! 베스트셀러 작가 노처녀! 이게 내 이름이야! 역시 작업실을 따로 얻기 잘했어!"

그리고 다음 날, 밤새 기뻐서 뒤척인 노처녀 씨는 늦잠을 자 버려서 부랴부랴 원고 전량을 갖다 주기 위해 나갈 준비를 하고 있었다. 깔끔한 정장에 오랜만에 머리도 감고 화장도 했다. 그리고 한 손에는 곧 책이 될 원고를 쥐고 있었다. 근데 갑자기 지붕이 들썩거리기 시작했다.

"어라! 이 뚜껑이 왜 이러지?"

문을 살짝 열어서 밖을 보니 밖에는 비도 억수처럼 내리고 바람도 많이 불고 있었다. 소설 쓰느라 일기 예보를 듣지 못했던 노처녀 씨는 오늘 태풍이 불 것이라는 것을 전혀 몰랐던 것이다. 강한 바람 때문에 뚜껑은 들썩거렸고 바람이 점점 심해질수록 뚜껑도 덩달아 심하게 움직였다.

"이러다가 뚜껑이 날아가겠어!"

노처녀 씨가 이렇게 말하던 중에 정말 뚜껑이 날아가 버렸다. 그러자 컨테이너 안에도 비가 내리게 되었고 노처녀 씨가 휘청거릴 만큼 거대한 바람이 불었다. 노처녀 씨는 바람에 몸을 가누기 위해서 책상을 잡았는데 그 바람에 노처녀 씨는 잡고 있던 원고 뭉치를 놓치고 말았다.

"어라, 내 원고들!"

원고는 순식간에 사방으로 퍼지면서 컨테이너 밖으로 날아갔다.

"으악~!"

노처녀 씨는 중요한 원고가 날아가는 것을 잡으려고 밖으로 나갔다. 하지만 원고들은 산산이 흩어져 옆에 있는 소각장 쪽으로 들어갔다. 결국 원고들이 물에 젖어 글자가 번지고 몇 장은 소각장 쪽으로 들어가 버린 것을 보자 노처녀 씨는 망연자실하며 바닥에 주저앉았다.

"내 대박 날 소설 어떡해~! 내 할리포터~!"

따로 원고를 저장해 두지 않아서 결국 원고는 모두 날아간 꼴이었다. 비를 맞으면서 처량하게 울고 있던 노처녀 씨는 갑자기 뚜껑을 얹어서 준다는 말로 현혹시켜 컨테이너를 판매한 회사의 직원이 생각났다.

"그 사람이 제대로 된 컨테이너만 줬어도 이런 일은 생기지 않았어."

몹시 화가 난 노처녀 씨는 컨테이너 회사 직원을 물리법정에 고소하게 되었다.

태풍은 중심 최대 풍속이 17m/s 이상의 폭풍우를 동반하는 열대 저기압을 말합니다. 태풍이 불면 뚜껑 위의 공기가 바람에 의해 빠른 속도로 밀려가게 됩니다.

컨테이너 뚜껑이 날아가 버린 이유는 뭘까요?
물리법정에서 알아봅시다.

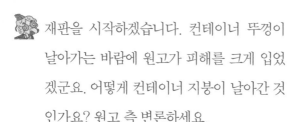

재판을 시작하겠습니다. 컨테이너 뚜껑이
날아가는 바람에 원고가 피해를 크게 입었
겠군요. 어떻게 컨테이너 지붕이 날아간 것
인가요? 원고 측 변론하세요.

원고는 컨테이너 박스에서 글을 쓰며 생활했습니다. 완성한
원고를 가지고 출판사에 가려다가 태풍에 컨테이너 뚜껑이 날
아가는 바람에 원고가 비에 젖어 모두 엉망이 되어 버렸습니
다. 컨테이너 뚜껑이 날아갈 정도로 부실하게 만든 컨테이너
회사 측에 손해 배상을 요구합니다.

컨테이너 뚜껑이 태풍에 날아갔다면 부실시공을 의심해 봐야
하겠군요.

우리나라는 여름에 큰 태풍이 한두 차례 지나가기 마련입니
다. 태풍이 지나갈 때마다 태풍으로 인해 많은 피해를 입는 사
람들이 많으며 그때마다 부서진 물건에 대해 그 물건을 만든
회사에서 책임을 지진 않습니다.

컨테이너가 부실하게 만들어졌다면 그 책임을 져야 하는 것
아닌가요?

컨테이너 박스의 뚜껑을 부실하게 올린 것이 아니라 태풍이 불어 어쩔 수 없이 날아간 것입니다.

태풍 때문인지, 컨테이너 부실시공 때문인지 증명해 보시든지요.

컨테이너 뚜껑이 날아간 것이 부실시공이 아니라 태풍 때문인 것을 증명할 수 있습니까?

태풍에 의해 컨테이너 지붕이 날아갈 수밖에 없는 이유를 설명해 주실 증인을 모셨습니다. 태풍 연구소의 강파워 소장님을 증인으로 요청합니다.

증인 요청을 받아들이겠습니다.

건전지가 달린 선풍기 날개를 머리 위에 단 50대 초반의 남성이 손가락으로 스위치를 누르면서 증인석으로 들어왔다.

태풍의 파워가 어느 정도인가요?

태풍은 중심 최대 풍속이 17m/s 이상의 폭풍우를 동반하는 열대 저기압을 말합니다. 이 속도는 상상을 초월할 정도로 크지요. 따라서 태풍이 동반하는 바람의 파워는 어마어마하다고 말씀드릴 수 있습니다.

원고의 컨테이너 박스의 뚜껑이 날아가 버렸는데 태풍이 컨테이너 박스의 뚜껑을 날아가게 하는 이유가 무엇인가요?

 태풍이 큰 바람을 동반하여 컨테이너 뚜껑을 잡아가 버린다고 말씀드릴 수 있습니다. 일부러 끌어가려고 한 것은 아니지만 바람이 불기 때문에 공기가 쓸리어 가면서 자연적으로 생기는 힘에 의해 뚜껑이 날아갈 수밖에 없습니다.

 이해가 잘 되지 않는데요. 좀 더 자세하게 설명해 주십시오.

 컨테이너 박스에 태풍이 불면 컨테이너 박스 뚜껑 위의 공기가 태풍의 바람에 의해 빠른 속도로 밀려갑니다. 그러면 컨테이너 박스 위 공기의 양이 적어집니다. 컨테이너 안의 공기의 양은 원래의 양 그대로이므로 대기압을 유지하지만 컨테이너 뚜껑 위의 공기는 적으므로 대기압보다 작은 압력으로 뚜껑을 누르게 되지요. 그러면 컨테이너 내부의 대기압에 의해 뚜껑은 위쪽으로 힘을 받게 되고 뚜껑은 이 힘을 이기지 못하고 날아가 버리게 됩니다.

 그렇다면 부실시공이라고 볼 수 없습니까?

 처음에 뚜껑까지 하나의 덩어리였다면 이런 문제가 없었겠지만 뚜껑을 나중에 위에 얹었기 때문에 일어난 일이지요. 하지만 원고는 처음에 이러한 조건을 알고 있었으며 그래서 저렴한 가격에 구입을 했다고 들었습니다. 따라서 태풍으로 인한 자연재해인데다 이미 뚜껑을 다시 얹어야 한다는 사실을 알고 구입을 했으므로 회사 측에서는 큰 책임이 없다고 보입니다.

태풍이 불면서 컨테이너 박스 위의 공기를 쓸어 가면서 컨테이너를 누르는 대기압이 줄어들게 하는 역할을 했군요. 태풍으로 인한 원고의 피해가 아주 크다고 생각이 들지만 태풍에 의해 컨테이너 박스의 뚜껑이 날아간 것은 컨테이너 회사 측의 부실시공이라고 할 수 없습니다.

태풍으로 인한 자연재해라는 판단이 서는군요. 원고는 속상하고 억울한 기분이 들겠지만 모두 날아가 버린 원고의 복구에 더 힘쓰는 것이 좋겠군요. 한시 빨리 다시 원고를 쓰시고 다음에는 튼튼한 집에서 작업을 하는 것이 좋겠습니다.

재판이 끝난 후 노처녀 씨는 다시 집으로 들어가서 열심히 원고를 복구하는 데 전념을 했다. 그녀가 쓴 책이 베스트셀러가 되자 조카들이 떠드는 소리도 마냥 행복하게만 들렸다.

 바람

바람은 질량을 가진 공기 분자들이 움직이는 것이다. 그러므로 바람의 속도가 크면 공기 분자들의 운동량이 커져서 물체에 큰 충격을 주게 된다.

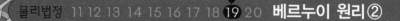

지하철에 빨려 들어간 똥개

달리는 기차 가까이에 서 있으면
빨려 들어갈 수도 있나요?

지하철 공사에서 사람을 태우기 위해 어느 역에서
지하철이 정차해야 할지에 대한 회의를 하고 있었
다. 지하철은 원래 빠른 시간 내에 정해진 구간을 왔
다 갔다 해야 하는데 너무 많은 역에서 지하철이 자주 서 버리면 그
만큼 정체되어 있는 시간도 늘고 지하철이 빨리 왕복할 수 없기 때
문이다. 그래서 이번에 새로 지하철도를 깔게 된 지역에서 어느 역
에서 정차할지를 사람들이 모여서 정하고 있는 것이었다.

"자, 그럼 정해 봅시다. 어느 역에 사람이 많이 탈 것 같습니까?"

"잘살아 동네에서는 지하철을 타고 다닐 것 같습니다만, 못살아 동네에서는 사람들이 지하철을 탈지 의문입니다."

회의를 하고 있는 사람 중에 한 명이 일어나서 자신의 의견을 말했다. 결국 잘살아 동네에 있는 역에는 지하철을 세우고 못살아 동네에 있는 역에는 그냥 지하철을 지나치게 하자는 것이었다.

"그래도 될까요?"

"사실 못살아 동네 사람들이 밖에 나갈 일도 잘 없지 않습니까?"

사람들은 모두 동의하는 눈치였고 중간에서 회의를 주도하는 사람은 못살아 동네에 있는 역에서는 지하철을 정차시키지 않기로 했다. 그리고 그 지역 사람들에게 지하철이 서는 구간을 알렸다. 하지만 정작 못살아 동네까지는 그 소식이 퍼지지 않았다. 못살아 동네에서는 막노동을 하며 하루하루를 살아가는 가난남과 가난녀가 있었다.

"오늘도 일하느라 힘들었지요?"

"아니야, 그래도 이거면 우리 이번 주 끼니는 걱정 없겠어."

가난했지만 서로를 위로해 가며 잘 살아가는 부부였다. 하지만 이 부부의 더 큰 고민은 바로 아이가 생기지 않는다는 것이었다. 그래서 이 부부는 일찍이 아이를 포기하고 가난남 부부 집 앞에서 서성이던 강아지를 데려다가 키워 왔다.

"우리 이 강아지 이름을 뭐라 지을까?"

"누렁이? 점박이? 개똥이?"

"그런 거 말고 좀 더 고급스러운 이름 없을까? 이 강아지 이름만큼은 고급스럽게 지어 주고 싶어."

"감 잡았어~! 촬쓰, 어때요?"

"오, 촬쓰! 괜찮은데! 촬쓰, 이리 온."

비록 떠돌이 개지만 이름만은 고급스럽게 지어 주고 싶었고 그래서 부를 때도 최대한 고급스럽게 '촬~쓰~'라고 부르기로 했다. 이 촬쓰를 부부는 아이처럼 키웠고 촬쓰도 부부를 잘 따랐다. 아직 이불에 슬금슬금 와서 소변을 보고 가 버리는 촬쓰지만 가난남과 가난녀는 촬쓰를 미워할 수가 없었다. 일을 하고 와서 힘이 들고 피곤해도 재롱을 부리는 촬쓰를 보면 금방 힘이 나는 것 같아서 촬쓰를 아끼고 있었다. 어느 날 드디어 마을에 지하철역이 완공되었다는 소문이 퍼졌다.

"여보, 지하철역이 완성됐다는 얘기 들었어?"

"아니, 벌써 다 지은 거예요?"

"새로 생긴 김에 가서 지하철 타고 바람 좀 쐬고 와요."

"그래도…… 돈이……."

"걱정 마. 그 정도는 있어. 촬쓰 데리고 갔다 와."

가난남은 항상 일만 하는 가난녀가 언젠가 바람 좀 쐬고 왔으면 했었다. 그래서 지하철역이 생겼다는 소리를 듣자마자 가난녀에게 촬쓰와 함께 잠시 놀다 오라고 한 것이었다. 가난녀는 그런 가난남이 너무 고마웠고 이번을 계기로 아들 같은 촬쓰에게 바깥 구경을 시켜 주고 싶었다. 다음 날 가난녀는 아침부터 예쁘게 단장을 하고 촬쓰도 처음으로 목욕을 시켰다.

"얘는 몇 번을 씻겨도 꾸중물만 나오네."

"난 얘가 누렁이인 줄 알았는데 원래 흰둥이였군."

가난녀가 촬쓰를 몇 번이나 다시 씻기고 나서 드디어 원래 털 색깔을 찾았다. 정말 처음으로 뽀송뽀송해진 털을 가진 촬쓰는 목욕하고 나서 기분이 좋은지 계속 '멍멍' 하며 노래를 불렀다. 가난녀와 촬쓰는 지하철역에 갔다. 워낙 못살아 동네 사람들이 지하철을 탈일이 없고 그 시간에 주로 일을 하러 나가기 때문에 지하철역에는 아무도 없었다. 가난녀는 촬쓰와 함께 지하철을 얼른 타고 싶은 마음에 지하철 타는 곳 가까이에 서 있었다. '덜컹덜컹' 하며 멀리서 지하철이 오는 소리가 들렸다. 가난녀는 처음 지하철을 타는 것이라 설레었고 촬쓰도 오랜만의 외출이라 그런지 기분이 좋은 듯 이리저리 뛰어다녔다.

"우리 촬쓰도 많이 좋은가 보구나!"

지하철이 점점 가까이 왔다. 가난녀는 이제 타려고 지하철도에 더 가까이 갔다. 그러나 못살아 동네의 역에서는 지하철이 서지 않기로 되어 있었다. 그러나 그 사실을 모르는 가난녀가 촬쓰와 함께 지하철을 타러 온 것이었다. 당연히 지하철은 가난녀 앞에 서지 않고 오던 속도 그대로 지나갔다. 바로 그때 방방 뛰어다니던 촬쓰가 갑자기 지하철에 빨려 들어갔다. 정말 순간 붕 떠서는 지하철이 있는 쪽으로 날아가듯 빨려 들어갔다. 너무나도 순식간에 일어난 일이었다. 영문도 모른 채 그냥 지나가 버리는 지하철을 쳐다보고 있던 가난녀는 뒤늦게야 촬쓰가 지하철이 가는 쪽으로 빨려 들어간 것을 보았다.

"어, 어, 우리 촬쓰!"

촬쓰를 크게 불렀지만 촬쓰는 이미 붕 떠서 지하철 쪽으로 갔다가 결국 빠르게 지나가는 지하철에 부딪히고서는 힘없이 떨어진 후였다. 순식간에 지하철은 역을 빠져 나갔고 역에 남겨진 것은 죽은 촬쓰와 그 촬쓰를 보며 울고 있는 가난녀뿐이었다. 가난녀는 촬쓰를 친자식처럼 생각했었기 때문에 죽은 촬쓰를 보면서 눈물을 흘렸다.

"내 사랑 똥개, 촬쓰~! 내 자식처럼 키웠었는데……."

가난녀 부부는 슬퍼하면서 촬쓰를 뒷산에 묻었고, 가난녀는 이번 일만큼은 그냥 넘어갈 수 없다고 생각했다. 부부는 여기저기 수소문해서 왜 지하철이 그냥 지나갔는지를 알아냈고 그냥 지나가게 한 지하철 공사 책임자를 물리법정에 고소했다.

"지하철이 중간에 서기만 했어도 촬쓰가 그렇게 빨려 들어가지 않았을 테고 촬쓰가 죽는 일은 일어나지 않았어. 물어내, 우리 촬쓰~!"

두 물체가 서로 다른 속도로 움직이고 있을 때 사람의
몸이 기차 쪽으로 빨려가게 되는 힘의 원리를
유체역학의 베르누이 방정식이라고 합니다.

여기는 **물리법정**

강아지 촬쓰가 어떻게 기차로
빨려 들어갔을까요?
물리법정에서 알아봅시다.

재판을 시작하겠습니다. 기차 옆에 서 있
던 개가 어떻게 기차 쪽으로 빨려 들어갈
수 있는지 그 원인에 대해 분석하고 책임
여부를 가려내도록 하겠습니다. 피고 측 변론하십시오.

이번에 새로 개설한 기차는 모든 역에서 정차를 하지 않기로
했습니다. 정차를 하지 않는 역에 못살아 마을도 들어갑니다.
따라서 못살아 마을 역에 기차가 멈추지 않은 것은 기차의 잘
못이 아닙니다. 지하철 공사에서는 책임질 것이 없습니다.

원고의 강아지가 기차역에 서 있다가 기차에 빨려 들어간 이
유는 무엇일까요?

그건 기차와 아무런 관계가 없습니다. 움직이는 사물을 따라
쫓아가려는 습성이 있는 강아지가 많습니다. 원고의 강아지도
빠르게 달리는 기차를 따라 달리다가 기차 쪽으로 뛰어들었을
겁니다. 강아지가 스스로 호기심에 뛰어들어 결국 죽음을 맞
이한 것이지요.

지하철 공사 측에서는 정상적인 기차 운행을 한 것이며 강아
지가 죽은 일과는 무관하다는 주장이군요. 그렇다면 어떻게

못살아 마을 사람들은 이 사실을 모르고 있었던 걸까요? 못살아 마을에 기차가 정차를 하지 않는다는 내용에 대한 안내를 하지 않은 것입니까?

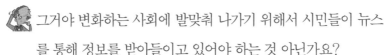 그거야 변화하는 사회에 발맞춰 나가기 위해서 시민들이 뉴스를 통해 정보를 받아들이고 있어야 하는 것 아닌가요?

그건 그렇다고 볼 수 없습니다. 못살아 마을의 사정은 생계를 위해 일하느라 마음 편히 뉴스를 보거나 여가를 즐길 시간이 거의 없습니다. 기차 운행에 대한 정보를 제대로 안내하지 않은 것은 지하철 공사의 책임이 있다고 판단됩니다.

강아지가 기차로 뛰어들었다는 피고 측의 주장이 맞습니까?

 그것도 옳은 주장이 아닙니다. 강아지는 스스로 자살 행위를 한 것이라고 볼 수 없습니다.

그렇다면 기차가 멈추지 않고 그대로 달렸기 때문에 강아지가 사고를 당한 겁니까?

그렇습니다. 기차가 못살아 마을 역에 정차를 했다면 분명 강아지는 죽지 않았을 겁니다. 못살아 마을에 정차를 하지 않는 것으로 결정되어서 멈추지 않았다면 그 전에 충분히 기차 운행에 대해 홍보를 했어야 합니다. 기차가 멈추지 않고 달리면서 강아지가 기차 안으로 빨려 들어간 겁니다.

기차는 앞으로 달리는데 강아지가 어떻게 기차 쪽으로 빨려 들어갈 수 있다는 겁니까?

기차가 달릴 때 일어날 수 있는 현상에 대해 증언해 주실 증인을 요청합니다. 증인은 동역학 연구소의 스피드 회장님입니다.

날렵한 눈매를 가진 50대 초반의 남성이 재빠른 발걸음으로 걸어와 증인석에 앉았다.

강아지가 기차 쪽으로 빨려 들어간 것을 강아지의 호기심에 의한 자살 행위라고 볼 수 있습니까?

그렇지 않습니다. 아무리 작은 짐승이라고 하지만 자신이 죽을 길은 알고 피해 갑니다. 강아지는 어쩔 수 없이 기차 쪽으로 밀려드는 힘을 이기지 못하고 빨려 들어간 것입니다.

강아지를 기차로 빨려들게 한 힘의 원인은 무엇인가요?

빠르게 달리는 기차로 빨려 들어가는 힘의 원리는 유체역학의 페놀리 방정식이라고 합니다.

페놀리 방정식이 무엇인가요?

운동 유체 중에서 속도가 낮은 쪽의 압력이 속도가 큰 쪽의 압력보다 큽니다. 기차가 빠른 속도로 달리면 주위의 공기까지 끌어당겨 함께 앞으로 달려가기 때문에 기차 가까이에서 걷고 있는 사람이나 동물에게도 변화가 일어납니다. 기차 쪽 기류의 속도는 높고 압력은 작으며 기차 반대쪽 기류의 속도는 낮고 압력은 큽니다. 두 물체가 서로 다른 속도로 움직이고 있을

때 압력이 큰 사람의 몸은 기차 쪽으로 빨려가게 됩니다. 이러한 내용을 설명하는 것이 페놀리 방정식입니다.

 기차 외의 다른 곳에서 페놀리 방정식으로 설명이 가능한 경우는 또 무엇이 있을까요?

 두 척의 선박이 나란하게 항해할 경우도 페놀리 방정식으로 설명이 가능합니다. 두 선박 사이의 물의 흐름은 선박 바깥쪽보다 빠르게 흐릅니다. 그러므로 선박 사이에 있는 물의 압력이 바깥쪽 물의 압력보다 작습니다. 결국 두 척의 배는 서로 잡아당기는 힘을 느끼게 되지요. 그러나 둘 중에 큰 배는 쉽게 밀려가지 않고 작은 배는 바깥쪽의 물의 압력을 받아 큰 배를 향해 돌진하여 충돌을 일으키기도 합니다.

 공기나 물의 흐름으로 물체를 빨려들게 할 수 있고 충돌이나 사고를 유발한다는 것을 알았습니다. 따라서 기차, 배, 자동차 등 빠른 물체들 주위에 있을 때는 조심해야 할 것입니다. 기차가 서지 않는 역이라면 표지판이나 안내문을 붙여서 역을 이용하는 사람들이 알 수 있도록 해야 할 것입니다. 따라서 제대로 된 안내도 없이 기차를 운행시켜 강아지를 죽게 만든 지하철 공사는 강아지의 죽음에 책임감을 느끼고 강아지의 장례식 비용을 모두 지불해야 할 것입니다. 또한 역마다 기차가 정차를 하는지 여부를 안내하도록 해야 할 것입니다.

 원고 측의 주장에 일리가 있습니다. 빠르게 달리는 기차 옆에서 있던 강아지는 강아지의 의지와 상관없이 사고를 당했다고 판단됩니다. 물론 기차가 멈추었다면 이런 사고가 일어나지 않았으리라 생각되는군요. 또한 기차가 멈추는지 그냥 지나치는지에 따라 동물들의 목숨을 앗아가거나 사람들이 사고에 노출되기도 합니다. 따라서 곳곳에 안내판을 설치하여 기차 운행에 대한 안전 수칙과 운영 안내를 하도록 하십시오. 지하철 공사는 강아지의 장례식 비용을 부담해야 할 것입니다. 이상으로 재판을 마치도록 하겠습니다.

재판이 끝난 후 지하철 공사 측에서는 가난남과 가난녀에게 미안함을 표하며 강아지의 장례식을 치러 주었다. 그 후 못살아 마을의 역에서도 지하철이 서게 되었고 역 이름은 '촬쓰역'이 되었다.

 기류

대기 중에 일어나는 공기의 흐름을 기류라고 하는데 수평 방향의 기류를 바람, 연직 방향의 기류를 상승 기류 또는 하강 기류라고 한다.

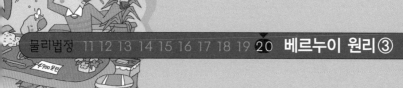
빨대 분무기

과연 빨대 두 개가 분무기를 대신할 수 있을까요?

그동안 입으로 물을 뿜느라 힘들고 침도 많이 흘리셨죠? 또 분무기를 들고 다니시기 힘드셨다고요? 그런 분들을 위해 획기적인 제품을 준비했습니다. 아주 싼 가격에 들고 다니기에도 편한 분무기가 나왔습니다. 단돈 4900달란에 휴대하기 편한 분무기를 만나 보세요!

거실에서 저녁을 기다리며 신문을 보고 있던 사재기 씨가 모퉁이에 실린 조그마한 광고에 눈을 떼지 못하고 있었다. 평소 광고라 하면 그냥 지나치는 법이 없고 한 번 광고를 보면 결국 그 물건을 사고야 마는 성격인 사재기 씨가 조그마한 신문 광고라도 놓칠 리가 없었다.

"저녁 준비 다 됐어요."

부엌에서 사재기 씨의 아내가 사재기 씨를 몇 번이나 불렀지만 사재기 씨는 광고에 집중하느라 아내의 말을 듣지 못하고 있었다.

"저녁 드시라니깐 뭐하고 계시는 거예요?"

저녁 식사가 다 준비되었다고 몇 번이나 소리친 사재기 씨의 아내가 답답한 듯이 거실 쪽으로 오면서 불평을 늘어놓았다. 남편인 사재기 씨가 또 밥 먹으라고 부르는 말을 못 들은 것을 보면 분명 광고 전단지를 보고 있다고 생각했기 때문에 아내는 얼른 사재기 씨 쪽으로 왔다.

"아, 여기 분무기 하나 사 볼까 해서……."

사재기 씨는 아내의 눈치를 살피면서 광고가 있는 신문을 가리켰다. 광고된 물건을 사고 싶지만 아내의 잔소리 때문에 선뜻 주문하지 못하고 있던 사재기 씨가 조심스럽게 아내에게 광고를 보여 주었다.

"여보! 지금 당신이 사 놓은 물건이 얼마나 많은 줄 알아요?"

역시나 사재기 씨의 예상대로 아내는 화부터 냈다. 그도 그럴 것이 지금까지 사재기 씨가 사자고 해서 산 물건 중에 꼭 필요해서 산 것은 몇 개 없었기 때문이다.

"저번에 산 프라이팬, 저기 화분 받침대로 쓰고 있는 거 안 보여요? 저것도 다 당신이 무조건 사자고 했던 거잖아요."

아내가 베란다를 가리키면서 사재기 씨에게 말했다. 저것도 저번 달에 가정용품 전단지를 본 사재기 씨가 새 프라이팬을 사는 게 어떻겠냐고 아내를 설득해서 겨우 산 프라이팬이었다. 하지만 사용한 지 이틀 만에 손잡이가 빠져서 결국 화분 받침대로만 덩그러니 쓰이고 있다.

"그래도 말이야, 이번엔 꼭 필요한 거라고."

"매번 꼭 필요한 거라고 얘기는 하죠~. 저번 프라이팬도 꼭 필요한 거라면서요?"

이번에는 절대 속지 않을 거라는 결심이 단단히 선 아내는 남편의 요구에 동의할 생각이 전혀 없었다.

"세탁소에서 일하는데 분무기는 하나쯤 있어야 할 것 같아서……."

사재기 씨는 물건을 사야 하는 이유를 말하기 시작했다. 사재기 씨는 동네에서 조그마한 세탁소를 운영하고 있었다. 세탁소에서 다림질을 할 때마다 분무기가 없어서 항상 입으로 물을 뿜어서 분무기를 대신했어야 했다. 그것 때문에 자주 입술이 부르트기도 하고 물을 뿜을 때마다 물이 고루 퍼지지 않기도 해서 불편을 겪고 있었다. 사실 그보다 분무기를 사야만 하는 더 큰 이유가 있었다. 저번에 새로 이사 온 아리따운 숙녀분이 세탁소에 옷을 수선하기 위해 온 적이 있었다. 그때 사재기 씨가 다림질을 하기 위해 입으로 물을 뿌리고 있었는데, 그때 사재기 씨를 보며 이렇게 말했던 것이다.

"어떻게 물을 입으로 뿌려요? 옷에 침 냄새 나겠어요. 오호호!"

숙녀분이 새침데기처럼 웃으면서 장난으로 한 얘기였지만 그 얘기를 들은 사재기 씨는 그 순간 입에 있던 물을 삼켜 버리고 말았다. 역시 입으로 물을 뿌리는 것은 영 폼이 나지 않았던 것이다. 그래서 그때부터 어떻게 하면 멋있게 물을 뿌릴 수 있을까를 고민해 오던 사재기 씨에게 분무기 광고는 사막에서 오아시스를 발견한 것과 다름없었다. 그래서 이 기회를 놓치면 안 된다는 생각에 기필코 사고야 말겠다고 생각한 것이다.

"아, 그래도 분무기를 사는 건……."

아내는 잠시 고민에 빠졌다. 그새 갈팡질팡하고 있는 아내를 본 사재기 씨는 조금만 더 설득하면 완전히 넘어 오겠다고 생각해서 준비해 두었던 마지막 일격을 놓았다.

"분무기 하나에 4900달란이면 되게 싼 거 맞지?"

오천 달란도 안 하는 가격이면 다른 분무기들보다 훨씬 싼 가격이었다. 사재기 씨의 아내도 여느 아줌마들처럼 싼 가격이라고 하면 쉽게 마음이 바뀌는 아줌마였던 것이다. 고개를 갸우뚱거리며 고민하던 아내가 마침내 허락을 내렸다.

"그럼 필요하긴 하겠네, 하나 사 봐요."

결국 아내는 못 이긴 척 허락해 놓고 부엌으로 갔다. 그렇게 해서 사재기 씨는 광고에 적힌 전화번호로 전화를 했다. 아내가 물건을 사는 것에 반대하지 않은 일이 몇 번 있을까 말까 했기 때문에 밥도 먹기 전에 급하게 주문부터 했다.

"택배 왔습니다!"

며칠 후 사재기 씨는 주문한 분무기가 온 것을 알고 얼른 택배를 받았다. 이제는 입술이 부르틀 일도 없고 손님들 앞에서 멋지게 분무기로 물을 뿌릴 생각에 마음이 부푼 사재기 씨는 택배를 받자마자 상자를 뜯었다.

"어라, 이게 뭐야?"

상자를 뜯고 나서 내용물을 확인한 사재기 씨는 당황할 수밖에 없었다.

"분무기 대신 빨대 두 개만 왔잖아."

사재기 씨의 볼처럼 통통하게 생긴 분무기가 들어 있을 거라고 생각한 사재기 씨는 상자 안에 든 길쭉한 빨대 두 개를 보고서는 분명 택배가 잘못 온 것이라고 생각했다. 그래서 다시 주문한 번호로 전화를 걸었다.

"저기, 저는 분명 분무기를 신청했는데 물건이 잘못 온 것 같아서요."

잠시 배송을 확인한 회사 측에서 대답을 했다.

"네, 저희는 맞게 드렸는데요."

"빨대 두 개만 왔는데요."

"네, 저희가 드린 게 맞습니다."

'누가 분무기를 달라고 했지 빨대를 달라고 했나' 라고 생각하며 슬슬 부푼 기대가 가라앉자 화가 난 사재기 씨가 회사 측에 전화해서 따졌다. 더욱이 멋있게 물을 뿌리기 위해서 분무기를 사는 건데 무슨 모기도 아니고 이 빨대로 물을 뿌리는 것은 입으로 그냥 뿌리는 것보다 더 폼이 나지 않는 것 같아 사재기 씨는 화가 더 났던 것이다.

"이게 어떻게 분무기라는 거죠?"

"그게 분무기 맞습니다."

계속 빨대 두 개가 분무기라고 우기는 회사 사람을 사재기 씨는 더 이상 참지 못하고 물리법정에 고소하게 되었다.

수직 빨대에서 빨대 안의 공기를 누르는 압력이
빨대를 제외한 물컵 안의 물의 표면을 누르는
대기압보다 작기 때문에 물이 올라오게 됩니다.

**빨대 두 개가
분무기의 역할을 할 수 있을까요?**
물리법정에서 알아봅시다.

 재판을 시작하겠습니다. 빨대 두 개가 분무기를 대신할 수 있습니까? 원고 측 변론해 주십시오.

 이건 사기입니다. 원고는 세탁소를 운영하면서 사용할 분무기를 주문했는데 분무기를 4900달란이라는 저렴한 가격으로 살 수 있어 주문을 했지만 결국 빨대 두 개를 4900달란이라는 거금을 주고 산 격이 되었습니다. 게다가 빨대 두 개를 분무기라고 속이다니 사기가 아니고 무엇이겠습니까?

 빨대 두 개가 분무기라고요? 그것 참 뭐라 할 말이 없군요. 분무기 회사에서 다른 말은 하지 않던가요?

 분무기 회사에서는 정상적으로 배송이 되었다고 하는군요. 원고는 빨대 두 개를 분무기로 사용 가능하다는 것을 인정할 수 없습니다. 분무기 회사 측에서는 분무기 값을 배상해 주거나 분무기 역할이 가능한 보통의 분무기를 배송해 줄 것을 요구합니다.

 원고 측 주장을 잘 들었습니다. 빨대 두 개가 분무기로 배송되었다고 하니 의아하긴 합니다. 이 점에 대해 정상적인 배송을

했다고 말하는 피고 측의 변론을 들어 보겠습니다. 빨대 두 개를 분무기로 사용하는 것이 가능합니까?

 분무기의 형태를 갖추지 않더라도 그 원리를 이용하면 빨대도 분무기가 될 수 있습니다.

 빨대가 분무기가 될 수 있는 원리는 무엇인가요?

 분무기의 원리를 이용하여 빨대가 분무기가 될 수 있는 이유에 대해 설명을 드리도록 하겠습니다. 유체역학 연구소의 유흐름 연구 소장님을 증인으로 요청합니다.

 증인 요청을 받아들이겠습니다.

축축하게 젖은 머리를 뒤로 넘긴 50대 중반의 남성이 빨대 두 개를 움켜쥐고 한 손에는 물이 든 물컵을 들고 증인석에 앉았다.

 유체란 무엇입니까?

 보통 액체와 기체를 합쳐 부르는 용어입니다. 유체는 변형이 쉽고 흐르는 성질을 갖고 있으며 형상이 정해지지 않았다는 특징이 있습니다.

 그럼 물도 유체에 속하겠군요.

 그렇습니다. 이번 사건은 물이 뿜어져 나오는 분무기의 원리이므로 유체의 흐름을 이해하면 해결될 것 같습니다.

빨대 두 개가 분무기가 될 수 있습니까?

빨대를 잘 활용하면 좋은 분무기가 될 수 있습니다. 빨대의 중간 부분을 잘라서 기역자 모양을 만들어 한쪽을 물에 담그고 다른 한쪽을 불어 보세요. 빨대의 중간을 자를 때는 끊어지게 모두 자르지 않도록 조심해야 합니다. 제가 직접 가지고 나온 준비물로 시범을 보이겠습니다.

증인은 빨대의 중간을 잘라 물에 담그고 다른 한쪽을 불었다. 물컵에 담긴 물이 빨대를 따라 올라와 법정 안에 있던 사람들에게 흩어져 뿜어져 나왔다.

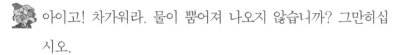 아이고! 차가워라. 물이 뿜어져 나오지 않습니까? 그만하십시오.

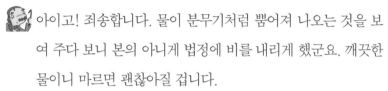 아이고! 죄송합니다. 물이 분무기처럼 뿜어져 나오는 것을 보여 주다 보니 본의 아니게 법정에 비를 내리게 했군요. 깨끗한 물이니 마르면 괜찮아질 겁니다.

정말 신기하군요. 분무기처럼 물이 흩어져 나오는 것을 확인했는데 정말 빨대가 분무기 역할을 한 건가요?

물론입니다. 빨대를 불어 보면 처음엔 잘 안 되겠지만 숙달되면 입으로 부는 분무기보다 더 좋을 겁니다.

빨대 분무기는 어떤 원리입니까?

입으로 빨대를 불면 수평 빨대 안의 공기가 빠른 흐름으로 밀려갑니다. 빠른 공기의 흐름으로 수직 방향의 빨대 위의 압력이 낮아져 공기 중의 무게에 의해 생기는 압력인 대기압을 받고 있던 컵 안의 물이 올라오는 겁니다. 즉 수직 빨대에서 빨대 안의 공기를 누르는 압력이 빨대를 제외한 물컵 안의 물의 표면을 누르는 대기압보다 작기 때문에 물이 올라온 겁니다. 이렇게 올라온 물줄기는 수평 빨대의 세찬 바람에 날려 공기와 섞여 뿌려지는 겁니다. 우리 주위에서도 이러한 유체의 흐름을 볼 수 있는 것으로 냇물의 흐름이 있습니다.

냇물의 흐름은 일정하게 흘러가는 것 아닌가요?

아닙니다. 냇물의 가장자리에 종이배를 띄우면 종이배는 점점 중앙 쪽으로 이동하여 냇물의 중앙에서 흘러갑니다. 그것은 가장자리에서 중앙으로 종이배가 밀려간 거죠. 이것도 물의 흐름의 차이에 의한 압력 차 때문입니다.

 압력 차는 어떻게 생깁니까?

 냇물은 중앙으로 갈수록 바닥이 깊어져 흐름을 방해하는 힘이 약해집니다. 따라서 중앙은 흐름이 빨라지고 흐름이 빨라질수록 옆으로 미는 유체의 힘이 약해집니다. 가장자리는 바닥의 깊이가 낮아 흐름이 느리므로 가장자리에서 중심으로 미는 유체의 힘은 중앙에서 가장자리로 미는 힘보다 크기 때문에 종이배는 중앙으로 밀리는 겁니다.

 빨대 분무기나 냇물 위의 종이배는 둘 다 유체의 흐름에 의해 생긴 압력 차로 설명이 가능하군요. 이처럼 유체가 흐름으로 인해 생기는 현상으로 빨대는 분무기의 역할을 할 수 있습니다. 빨대가 분무기의 역할을 제대로 하도록 빨대를 부는 연습을 조금만 하면 입으로 물을 뿌리는 것보다 훨씬 골고루 물이 뿌려질 것입니다. 저렴한 가격으로 분무기를 구입하는 것이지요.

 빨대가 분무기의 역할을 충분히 해낼 수 있다는 것을 알 수 있었습니다. 원고는 빨대를 잘 이용하여 분무기로 상용할 수 있도록 연습을 하는 것이 좋겠습니다. 굳이 다른 분무기를 원한다면 일주일 내에 환불을 요구할 수는 있습니다. 이상으로 재판을 마치도록 하겠습니다.

재판이 끝난 후 빨대로 분무기 역할을 할 수 있다는 것을 안 사재기 씨는 신기해했다. 하지만 겨우 빨대 두 개를 4900달란이나 주고 샀다는 것에 불만을 가지고 있던 사재기 씨의 부인 때문에 환불을 했다. 그 후 사재기 씨의 부인은 빨대를 두 개 구입했고, 사재기 씨에게 그 빨대로 분무기 대용을 하라고 말했다.

 기압

기압은 지구를 둘러싸고 있는 대기의 압력을 말한다. 수은기둥 760mm의 높이에 해당하는 압력을 1기압이라고 하는데 단위는 밀리바(mb)를 쓰며, 기상 관측에서는 1기압을 1,013mb로 나타낸다.

초고속 커플 보트

다리 아래에 있는 기둥 사이의 물살이
더 센 이유는 무엇일까요?

과학공화국에서는 브릿지 도시가 있었다. 이 도시
는 평소에 아름다운 강으로 유명했다. 흐르는 강물
이 마치 은빛 날개를 단 천사들이 날아다니는 것 같
다고 해서 엔젤 강이라고 불리기도 했다. 그만큼 깨끗하고 아름다운
강이었다. 이 브릿지 도시가 이번 해에 도시 탄생 100주년을 맞았
다. 100주년을 기념하기 위해서 이 도시에서는 아름다운 강에 다리
를 놓기로 했다. 그 다리의 이름은 무지개다리였는데, 그 다리가 너
무 예뻐서 뉴스를 틀면 모두 무지개다리 소식밖에 없었다.

"드디어 브릿지 도시가 백 번째 생일을 맞았습니다. 그 기념으로 우리 도시의 자랑인 엔젤 강에 다리를 놓기로 했다는데요. 이게 바로 완공된 무지개다리입니다!"

마치 자기가 세운 것처럼 감격에 겨운 목소리로 아나운서가 아름다운 무지개다리를 가리켰다. 도시의 또 다른 자랑거리가 생긴 것과 마찬가지였기 때문에 모두 다리가 세워진 걸 기뻐했다. 무지개다리는 강에 일곱 색깔의 기둥을 설치해서 무지개다리라고 불리는 것인데, 그렇게 넓은 강은 아니었지만 일곱 개의 기둥을 세워서 위에 빨주노초파남보 일곱 색깔의 조명을 비춘 것이었다.

"어머, 자기 저 다리 너무 예뻐!"

"너보다는 안 예뻐."

"아이, 부끄러워~! 몰라, 몰라~!"

그렇게 아름답다고 소문난 강 위에 지어놓은 무지개다리는 밤에 볼 때 너무 아름다웠기 때문에 연인들의 데이트 장소로도 안성맞춤이었다. 그래서 밤만 되면 여기저기서 연인들의 사랑을 속삭이는 소리가 끊이지 않았다. 그것을 안 브릿지 도시 시장은 연인들을 위해서 또 다른 생각을 했는데, 그것은 바로 커플 보트였다. 이 사실이 입소문을 타고 퍼지자 각 방송사에서 기자들이 시장을 취재하기 위해서 몰렸다.

"시장님, 시장님의 또 다른 아이디어가 있다고 들었습니다."

"물론이죠! 무지개다리에 데이트를 오는 연인들을 위해서 커플 보트를 만들 생각입니다."

"커플 보트요?"

"네, 무지개다리 사이사이를 지나는 코스로 만들 것입니다."

"그것 참 낭만적인 생각이시네요."

그렇게 넓지 않은 강이었기 때문에 다리와 다리 사이의 간격은 약 1m 정도였다. 사람의 키보다도 좁은 넓이였지만 조그마한 보트가 지나갈 수는 있었다. 난닭살 군과 너무좋아 양이 마침 같이 텔레비전을 보던 중에 그 뉴스를 보게 되었다. 이 커플은 평소에도 서로를 너무 사랑해 닭살 행각을 펼치기로 소문이 나 있는 커플이었다.

"자기야~! 저 보트 타면 되게 낭만적이겠다."

"그럼 우리 아기랑 타 볼까?"

"타다가 물 튀면 어떡해!"

"내가 우리 아기 물 안 튀도록 꼭 안아 주면 되지~!"

옆에서 들으면 못 들어 줄 정도로 심한 닭살이었다. 옆에 있으면 꼭 닭털이 날리는 환상까지 보일 정도였다. 그래서 그런지 둘이 붙어 다니면 주위에 사람들이 잘 오지 않았다. 하여튼 두 사람은 아름다운 강에서 낭만적인 다리를 지나는 보트를 타 보기로 결정했다.

보트 운행을 처음으로 시작하는 날, 이 커플은 누구보다 먼저 엔젤 강에 왔고 맨 처음으로 보트를 타게 되었다. 보트는 어디서나 볼 수 있는 오리 보트였지만 그 보트를 타려고 모인 사람들은 줄을 서서 기다릴 정도로 많았다. 난닭살 군과 너무좋아 양은 발을 움직이며 오리배를 움직였다.

"어머, 내가 물 위에 떠 있어."

애교 섞인 목소리로 너무좋아 양은 신기해했고 옆에서 난닭살 군이 열심히 발을 굴렸다. 이 보트는 다리에서 조금 멀리 떨어진 곳에서 시작해 다리를 한 바퀴 돌고 오는 코스였다. 어두침침한 저녁 즈음이라 다리마다 켜져 있는 무지갯빛 조명은 더욱 아름답게 빛났고 그 빛이 강물에도 비춰서 정말 아름다운 풍경이었다.

"자기야, 저 다리 가까이서 보니깐 더 예쁘다. 자기랑 와서 그런가?"

"그래도 우리 자기가 제일 아름다워!"

역시나 차마 들어 줄 수 없는 사랑의 대화를 속삭이면서 점점 다리 쪽으로 향해 갔다. 드디어 다리 사이를 지나가는 코스였다. 하지만 다리 사이가 1m 정도로 좁은 곳이었고 보트도 그에 맞게 1m가 조금 안 되는 폭을 가지고 있었다. 그래서 보트가 사이를 지나가기 위해서는 이쪽저쪽 잘 살펴서 정확히 들어가야 했다. 이 커플도 조심스럽게 다리의 기둥과 기둥 사이를 들어가는데 갑자기 보트가 엄청난 속도로 다리 기둥 사이로 빨려 들어가면서 심하게 흔들렸다. 너무좋아 양은 흔들리는 보트 위에서 난닭살 군을 꼭 잡았고 보트가 흔들려 당황한 난닭살 군도 균형을 잡으려고 애썼다.

"어머, 흔들려."

"나 믿고 나만 꽉 잡아."

"어어~! 뒤집어진다아~!"

이리저리 흔들리던 보트는 금세 뒤집히고 말았고 강에 빠진 너무
좋아 양은 수영을 못해서 허우적거리고 있었다.

"우리 아기~! 내가 구하러 가겠어."

난닭살 군은 너무좋아 양을 구하기 위해 너무좋아 양 쪽으로 수영
하며 갔지만 그때 너무좋아 양은 가만히 서 있었다. 물 깊이가 그렇
게 깊지 않았기 때문에 가만히 서 있어도 물이 가슴까지밖에 오지
않았던 것이다. 그래서 결국 둘 다 어렵지 않게 강에서 빠져나올 수
있었다. 하지만 강에서 나온 두 사람은 꼭 비 맞은 생쥐 꼴이었다.

"아기야, 괜찮아?"

"아니, 추워!"

"우리 아기를 이렇게 춥게 하다니, 용서할 수 없어."

떨고 있는 너무좋아 양을 본 난닭살 군은 보트가 뒤집힌 것에 대
해서 따지기로 했다. 그래서 시장에게 전화를 걸었다.

"보트가 다리 사이를 지나가자마자 엄청나게 빨라지더니 뒤집혔
다고요!"

"그건 당신이 균형을 못 잡아서 넘어진 거 아닙니까?"

"아닙니다. 우린 잘 가고 있었다고요! 우리 아기 감기 든 건 책임
지실 겁니까?"

"아니 그걸 내가 왜 책임집니까!"

"그렇게 나오시면 당신을 물리법정에 고소하겠어요."

시장은 꼭 다리 사이를 지나갈 때 뒤집혔다기보다 둘이 서로 균형

이 안 맞아서 보트가 뒤집어졌다고 생각한 것이다. 강하게 나오는 시장의 반응에 화가 난 난닭살 군은 아예 이 커플 보트는 애초에 시행되지 않아야 했다고 브릿지 도시의 시장을 물리법정에 고소하기로 했다.

유체가 흘러가다가 그 폭이 줄어들면 유체는
속도가 빨라집니다. 따라서 기둥과 기둥 사이의
간격이 좁아지면 물살이 빨라지게 됩니다.

여기는 **물리법정**

보트가 기둥 사이를 지나갈 때
왜 빠르게 움직였을까요?
물리법정에서 알아봅시다.

 피고 측 변론하세요.

 브릿지 도시의 시장이 무슨 죄가 있습니

까? 아름다운 도시를 만들어 관광 수익도

올리고 시의 발전을 위해 얼마나 고생하는데요. 이번 사건은

기둥이 많아서 생긴 사고가 아니라 보트를 운전하는 원고 측

의 운전 부주의에서 일어난 사건이라고 생각합니다. 그러므로

피고 측의 무죄를 주장합니다.

 원고 측 변론하세요.

 유체 흐름 연구소의 배루누 박사를 증인으로 요청합니다.

　머릿결에 웨이브가 있는 40대의 남자가 증인석으로

걸어 들어왔다.

 증인이 하는 일은 뭐죠?

 유체 흐름의 특성을 연구하고 있습니다.

 좋습니다. 이번 사건과 많은 관련이 있겠군요. 그럼 다리에서

기둥의 개수가 유체의 흐름에 영향을 주나요?

기둥의 개수보다는 기둥과 기둥 사이의 간격이 영향을 줍니다.

 그건 왜죠?

 베르누이 원리 때문입니다. 일반적으로 유체가 흘러가다가 그 폭이 줄어들면 유체는 속도가 빨라집니다. 그러니까 기둥과 기둥 사이의 간격이 좁아지면 물살이 빨라지지요.

 그럼 이번 무지개다리의 기둥 사이의 간격이 너무 좁아 물살이 급하게 빨라져 보트가 뒤집혀진 걸로 볼 수 있겠군요.

 그렇습니다.

 잘 들었습니다. 그럼 판결을 내리겠어요. 아름다움도 중요하지만 그보다 더 중요한 것은 안전입니다. 그 안전을 위해 필요한 것이 바로 과학이지요. 그러므로 이번 사건은 과학적 분석도 없이 안전을 소홀히 한 브릿지 도시의 시장에게 그 책임을 묻겠습니다.

재판이 끝난 후 브릿지 도시의 시장은 난닭살 군과 너무좋아 양

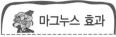
마그누스 효과

축구에서 바나나킥은, 공기의 흐름이 볼의 회전 방향과 같은 쪽에서는 공기의 속도가 빨라지면서 공기가 사라지니까 공기의 압력이 줄어들고, 반대쪽은 공기의 속도가 느려지므로 공기의 압력이 커져 생긴 압력의 차이 때문에 일어난다. 이때 압력이 큰 쪽에서 압력이 작은 쪽을 미는 힘이 생기게 되는데 그 힘 때문에 공이 바나나처럼 휘어지는데 이것을 마그누스 효과라고 한다.

에게 세탁비를 물어주었고 둘이 하루 종일 데이트할 수 있는 쿠폰

을 주었다. 또한 좀 더 안전한 보트를 만들기 위해 보트 연구소를

만들어 개발 중이다.

베르누이 원리의 예

우유병에서 우유를 가만히 따르면 우유가 병 주둥이로부터 똑바로 떨어지지 않고 우유병을 따라 질질 흐르다가 방울방울 떨어지게 됩니다. 우유가 우유병을 따라 얼마나 멀리까지 흘러가게 되는지를 결정하는 요인은 무엇일까요?

우유가 우유병 벽면을 따라 질질 흘러내리는 것은 베르누이 정리와 기압의 작용으로 설명할 수 있어요. 베르누이 정리는 유체 흐름에 대해 일반적으로 적용할 수 있는 원리이며 수많은 적용 예가 있습니다. 이것은 에너지는 생성도 소멸도 되지 않고 그 양이 보존된다는 에너지 보존 법칙을 유체의 운동에 적용하여 발견한 것입니다.

영화가 끝나고 홀의 휴게실에 가득 찬 관람객들이 출입구 쪽으로 몰려 나가는 장면을 생각해 봅시다. 그 휴게실에 당신이 있다면 당신은 당신 주변의 사람들로부터 압력을 받으면서 출입구 쪽으로 천천히 밀려갈 것입니다. 출입구에 다다르면 당신을 미는(출입구 쪽으로부터의) 압력이 작아지기 때문에 당신은 앞으로 더 빨리 움직이게 될 것입니다. 이것이, 당신 주변 사람들이 서로를 옆으로 밀고 있는데 그것이 당신에게 전달되는 압력으로 나타나는 이유입니다. 모든 사람들이 앞으로 나아갈 때 이 압력이 작아지게 됩니다.

같은 방식으로 액체 속의 분자 운동을 설명할 수 있어요. 액체 분자들이 천천히 움직일 때는 분자들끼리 서로 부딪치고 밀쳐서 용기 벽면에 압력을 줍니다. 액체가 좁은 관에 다다르면 더 빠르게 나아가게 되는데 그 이유는, 액체가 비압축성이라고 할 때 같은 양의 액체가 같은 시간 동안 더 좁은 영역(단면적이 작은 영역)을 통과해야 하기 때문이죠. 압력은 당연히 떨어지겠죠?

두께가 얇은 유리컵에 담긴 물을 가만히 따를 때 컵의 가장자리에 닿은 물의 흐름을 분석해 보면 아래층의 물이 위층의 물보다 빨리 흐릅니다. 베르누이 정리에 따라서 그 물 흐름의 아래쪽의 압력이 떨어지고 그에 따라 대기압이 그 물의 흐름을 유리컵의 벽 쪽으로 밀어붙이게 됩니다. 만일 컵을 빨리 기울여 물을 쏟으면 물의 흐름은 전체적으로 균일한 속력을 가지게 되므로 컵 가장자리에서 현저한 압력 차는 생기지 않기 때문에 컵을 따라 흐르는 일이 없게 되겠죠.

물이 컵 벽면을 타고 흐르지 않도록 하려면 컵 가장자리를 둥글고 두껍게 만들면 되는데, 그 이유는 뒤따라오는 물 흐름의 위층과 아래층 사이의 곡률이 차이가 나지 않게 되어서 층 사이에 압력 차이가 생기지 않기 때문입니다. 찻잔에는 주둥이에 홈이 파져 있는데, 이것은 물이 벽면을 타고 흐르지 않고 바로 아래로 떨어지게 하기 위한 것입니다.

물리와 친해지세요

이 책을 쓰면서 좀 고민이 되었습니다. 과연 누구를 위해 이 책을 쓸 것인지 난감했거든요. 처음에는 대학생과 성인을 대상으로 책을 쓰려고 했습니다. 그러다 생각을 바꾸었습니다. 물리와 관련된 생활 속의 사건이 초등학생과 중학생에게도 흥미로울 거라는 생각에 서였지요.

초등학생과 중학생은 앞으로 우리나라가 21세기 선진국으로 발전하는 데 필요한 과학 꿈나무들입니다. 그리고 지금과 같은 과학의 시대에 가장 큰 기여를 하게 될 과목이 바로 물리입니다. 하지만 지금의 물리 교육은 직접적인 실험 없이 교과서의 내용을 외워 시험을 보는 형태로 이루어지고 있습니다. 과연 우리나라에서 노벨 물리학상 수상자가 나올 수 있을까 하는 의문이 들 정도로 심각한 상황입니다.

저는 부족하지만 생활 속의 물리를 학생 여러분의 눈높이에 맞추고 싶었습니다. 물리는 먼 곳에 있는 것이 아니라 우리 주변에 있다는 것을 알리고 싶었습니다. 그래서 이 책을 쓰게 되었지요.